KB071045

신들의 지식

이제 신이 될 때가 되었다

끝없이 반복되는 노화 · 질병 · 죽음은 인간의 숙명인가?

전쟁 · 폭정 · 기아 · 가난 속에서 살아가는 것도 필연적인 인간의 삶인가?

우주에 비하면 먼지보다 작은 행성의 한쪽 귀퉁이에서 하찮은 성취에 기뻐하고 슬퍼하는 것이 인간의 한계인가?

인간이 이 세상에 존재하는 이유는 무엇인가?

인간이 온갖 고통을 겪고 제한된 삶을 살아가는 이유는 생명력이 약하기 때문이다. 생명력이 약한 인간은 죽지 않으려고 몸부림치다가, 결국 늙고 병들어 죽을 수밖에 없다. 그러나 생명력이 엄청나게 강해지면, 노화·질병·죽음을 초월하여 무한히 자유로운 신이 된다. 신은 생명력이 엄청나게 강한 생명력의 정수(精髓)이기 때문이다.

신들은 생명력이 강해지는 지식을 알기에 생명력의 정수가 된 존재들이다. 따라서 생명력이 강해지게 하는 지식은 '신들의 지식'이다. 이제 모든 인간도 신들의 지식을 앎으로써 한꺼번에 신이 될 때가 되었다. 이렇게 선언하면 '신과 인간은 근원적으로 구별되는 존재이므로, 인간이 신이 되는 것은 불가능하다'라고 생각하는 사람이 적지 않다. 그들의 생각대로 신과 인간이 근원적으로 다른 존재라면, 인간의 생명력이 아무리 강해져도 신이 될 수는 없다. 하지만 인간과 신은 생명력이라는 하나의 근원에서 나온 하나다. 단지 인간은 자신이 신이라는 사실과 신들의 지식을 잊었을 뿐이다. 따라서 자신에 대한 기억과 신들의 지식을 다시 떠올리면, 인간도 신이 된다.

인간의 삶은 신의 꿈이다. 꿈을 꾸는 신들은, 자신들이 신이라는 사실과 신들의 지식을 잊게 되었다. 자신과 자신들의 지식을 잊어야만 밀도가 높은 3차원적 물질 차원의 모든 것을 속속들이 체험할 수 있다는 것을 아는 신들이, 인간을 처음부터 그렇게 창조했기 때문이다. 인간은 자신이 아는 것으로 되는 존재다. 인간이 신들의 지식을 알면 신이 되므로, 더는 자신이 신이라는 사실을 부정할 수 없게 된다. 그러므로 신들의 지식은 인간의 삶이라는 꿈에서 깨어나는 열쇠다. 우리는 지금까지 너무도 길고 긴 꿈을 꾸었고, 꿈속에서 인간의 삶을 충분히 체험했다. 끝없이 반복되는 생로병사(生老病死)와 전쟁·폭정·기아·가난 속에서 수없이 다양한 형태의 기쁨·슬픔·분노·사랑·증오·배신·절망 등등을 체험한 것이다. 이제 신들의 지식으로 꿈에서 깨어나, 신으로서 영원하고 무한하며 위대한 체험을 할 때가 되었다. 그것은 상상할 수 없을 정도로 장엄하고 경이로운 모험이다.

필자는 30대 중반부터 급격히 생명력이 약해져 다양한 질병에 시달렸지만, 생명력이 강해지게 하는 물질과 수행 방법을 만나 모든 질병을 극복하고 다시 생명력이 강해지는 체험을 했다. 그리고 그 체험을 숙고함으로써 생명력을 이해하게 되었고, 그 앎은 생명력을 강하게 하는 신들의 지식이라는 것도 깨닫게 되었다. 그래서 그 지식을 가능한 과학적이고 논리적으로 적어보았다. 먼저 생명력과 생명체의 본질에 대한 신들의 지식을 종합적으로 서술한 후, 세포 · 육체 · 국가의 생명력을 강하게 하는 신들의 지식을 순서대로 기술한 것이다. 세포 · 육체 · 국가 중 하나라도 생명력이 약하면, 인간의 생명력은 강해질 수 없다. 왜냐하면, 세포들은 인간의 육체를 구성하는 생명체이고, 국가는 인간들을 포괄하는 생명체이며, 육체는 인간 그 자체이기 때문이다.

이 책에 신들의 모든 지식을 적을 수는 없다. 그래서 신들이 주로 사용하는 지식 중, 인간들이 이해하지 못하고 있는 핵심적인 신들의 지식만을 적었다. 또한, 단순히 신들의 지식만을 전달할 뿐 개인적인 가치판단을 배제하려 노력했다. 궁극적인 차원에서 선악(善惡)은 없기 때문이다. 그런데도 신들의 지식을 전달하려면, 기존 지식도 함께 적을 수밖에 없다. 기존 지식은, 신들의 지식에 도달하기 위한 다리이자 발판이기 때문이다. 그러므로 이 책에서 기존 지식을 비판적으로 인용해도 기존 지식을 비난하기 위함이 아니고, 기존 지식을 넘어 신들의 지식으로 나아가기 위함이라는 것을 이해하기 바란다.

신들의 지식은 신들의 방식으로 기술해야 한다. 신들은 전체를 하나로 보고 전체에서 지식을 도출하지만, 기존 지식은 전체를 수많은 조각으로 나누고, 그 조각들을 더욱더 수많은 조각으로 나눈 후, 그중 하나를 붙들고 분석하는 방식으로 지식을 생산하기 때문이다. 따라서 분리된 기존 지식을 하나로 통합해야만, 신들의 지식을 이해할 수 있다. 하지만 필자는 기존 지식의 극히 일부 분야를 수박 겉핥기식으로 공부했을 뿐, 과학자도, 의사도, 철학자도, 종교인도 아니므로 기존 지식을 통합할 능력이 부족하다. 그런데도 짧은 글로 광대하고 오묘한 신들의 지식을, 통합적으로 기술하다 보니 잘못된 논리가 있을 수 있다. 하지만 작은 부분보다 큰 관점에서, 닫힌 마음이 아닌 열린 마음으로, 처음부터 끝까지 읽고, 실제로 실행해 본 후 신들의 지식을 평가하기를 바란다.

그리고 신들의 지식이 옳다면, 신들의 지식으로 자기의 생명력을 강해지게 하고, 주변의 모든 생명의 생명력도 강해지도록 돕기 바란다. 그렇게 하면 21C는 신들의 지식으로 생명력이 강해진 인류가, 노화·질병·죽음과 전쟁·폭정·기아·가난을 정복하고, 자기 자신마저 초월하여 신으로 진화한 위대한 시대로 기록될 것이다.

2023. 11.

초월 **최인호**

목차

제1장

생명력

생명력은 우주 만물의 창조자이자 창조의 재료이고, 우주 만물을 하나로 이어주는 바탕이며, 모든 것이 제자리에 존재할 수 있게 하는 근원적인 힘이다. 생명력은 처음부터 존재했고, 앞으로도 영원히 존재하는 무한하고 순수한 에너지이며, 유일(唯一)한 실재(實在)이자, 하나님이라 불리는 절대자다. 생명력은 자신만의 우주 원칙을 지니고 있는데, 그것은 언제나 확장하고, 언제나 진화하며, 언제나 무엇인가로 되는 것이다. 동양에서는 생명력을 기(氣)라고 하며 우주의 근원적인 힘으로 인식한다.

살아있는 우주

우주에는 원소와 똑같은 구조를 지니고, 원소처럼 작동하는 태양계가 왜 저렇게 많을까?

세포와 똑같은 구조를 지니고, 세포처럼 작동하는 은하계가 수없이 존재하는 이유는 무엇일까?

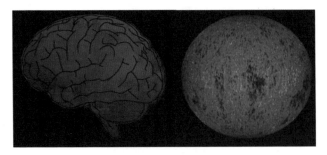

그림 1 서로 닮은 뇌와 우주

과학자들은 인간 두뇌와 우주는 〈그림 1〉처럼, 두뇌의 뉴런과 은하단은 〈그림 2〉처럼, 서로 닮았고 비슷한 수준의 복잡성을 지니며, 스스로 네트워크(network)를 만들어나간다는 사실을 발견하고 놀라워한다. 두뇌와 우주, 뉴런과 은하단은 어떤 원리에 의해 서로 닮은 형태이고, 비슷한 수준의 복잡성을 지니며, 스스로 네트워크(network)를 만들어나갈까?

그림 2 닮은꼴인 뉴런과 은하단

　그것은 우주가 살아있기 때문이다. 수많은 별과 은하계가 아름다운 빛을 발하고, 수많은 생명이 우주에서 생생하게 살아가는 것은, 우주가 살아있다는 증거다. 수많은 태양계는 우주의 원소들이고, 수많은 은하계는 우주의 세포들이며, 수많은 은하단은 우주의 뉴런들이다. 수많은 태양계·은하계·은하단으로 구성된 전체 우주는, 수많은 원소·세포·뉴런으로 구성된 인간의 육체와 같은 기능을 수행하고 같은 방식으로 작동하는 우주의 육체다. 그러므로 우주는 살아있는 하나의 생명체다.

　우주와 인간은 그 규모만 차이가 있을 뿐, 같은 재료로 만들어져 같은 원리로 작동한다. 그래서 붓다는 '티끌 하나에 온 우주가 담겨 있다(일미진중함시방, 一微塵中含時方)'라고 했고, 현대과학은 '우주는 작은 구조가 전체 구조와 닮은 형태로 끝없이 반복되는 프랙탈(fractal) 구조'라고 한다. 붓다는 대우주(大宇宙, 전체 우주)에 비하면 티끌 하나에도 미치지 못하는 인간이, 대우주와 똑같은 형태, 똑같은 원리와 방식으로 작동하는 소우주(小宇宙, 인간)라는 진리를 꿰뚫고 있었고, 현대과학도 비슷한 결론에 이르고 있다. 그러므로 대우주가 살아있다는 것은 그리 놀라운 일은 아니다. 정말 놀라운 일은 티끌보다 미세한 인간이 살아있는 소우주로서, 대우주와 같은 재료로 만들어져 같은 원리로 작동하며 살아있다는 사실이다.

　생명이 에너지의 형식으로 존재하면 생명력이고, 물질의 형식으로 존재하면 생명체다. 대우주와 모든 소우주는 생명력과 생명체로 이루어진 생명이다. 대우주와 수많은 소우주가 살아있는 생명인 것은, 우주가 생명 에너지로 가득한 생명력의 바다이기 때문이다. 모든 생명체는 생명력의 바닷물 속에서 살아 간다. 생명체가 생명력의 바다를 벗어나면 한순간도 생존할 수 없다. 대우주를 감싸고, 대우주와 소우주를 가득 채운 생명력 의 바다는 그 어떤 경계도, 시작도, 끝도 없는 '무한한 있음'이 자, '있음 전체'이다.

생명력은 우주 만물의 창조자이자 창조의 재료이고, 우주 만 물을 하나로 이어주는 바탕이며, 모든 것이 제자리에 존재할 수 있게 하는 근원적인 힘이다. 생명력은 처음부터 존재했고, 앞으로도 영원히 존재하는 무한하고 순수한 에너지이며, 유일 (唯一)한 실재(實在)이자, 하나님이라 불리는 절대자다. 생명력 은 자신만의 우주 원칙을 지니고 있는데, 그것은 언제나 확장 하고, 언제나 진화하며, 언제나 무엇인가로 되는 것이다. 동양 에서는 생명력을 기(氣)라고 하며 우주의 근원적인 힘으로 인식 한다.

생명력은 물결처럼 입체적인 형태로 소용돌이치며 사방팔방 으로 끊임없이 뻗어 나가는 파동이다. 생명력 파동은 모든 생 명체에서 발산하여 물결처럼 사방팔방으로 소용돌이치며 끝없이 뻗어나간다. 생명력 파동이 멈추어 정체하는 경우는 없다. 미세한 생명력 파동은 별과 원소 등 우주의 모든 것을 감싸고 통과하며 뻗어나가며 확장한다.

생명력 파동은 그 진동수(주파수)에 따라 존재의 차원이 달라진다. 생명력 파동이 가장 높은 차원에서 가장 빠르게 진동하면 생각이고, 다음으로 높은 차원에서 빠르게 진동하면 빛이며, 그다음 차원에서 느리게 진동하면 음극과 양극이 분리되지 않은 전·자기이고, 그 아래 차원에서 매우 느리게 진동하면 원소이며, 가장 낮은 차원에서 가장 느리게 진동하면 물질이다.

태초에 생명력은 순수하고 무한한 생각으로만 존재했다. 따라서 '태초에 말씀이 있었노라. 그리고 모든 것이 말씀과 함께 있었노라'라고 적고 있는 성경은 타당하지 않다. 왜냐하면, 말이 존재하려면, 말의 근원인 생각이 있어야 하기 때문이다. 무한한 생각은 가장 높은 차원에서 가장 빠르게 진동하는 생명력이다. 자신의 장대함을 인식하게 된 무한한 생각은 체험으로 느낌으로써 자기 자신을 알고자 열망했다. 하지만 유일한 존재인 무한한 생각은, 대립하는 존재가 있을 수 없으므로 상대적인 체험으로 자신을 아는 것은 불가능하다. 이에 무한한 생각은 자기 자신의 내면으로 들어가, 자기 자신을 지극히 사랑하고 숙고함으로써 생각의 진동수를 낮추며 확장하여, 자기 자신을 완벽하게 똑같이 복제한 신이자 빛의 입자인 인간의 영혼을 무수히 창조했는데, 그것을 성경은 하나님이 천지창조의 첫 번째 날 빛을 창조했다고 적고 있다. 그러므로 모든 인간의 영혼은 빛으로 확장된 생각 생명력이다.

신이자 빛인 영혼들은, 무한한 생각처럼 더 깊은 체험으로 자신을 알기를 열망했다. 왜냐하면, 모든 영혼은 무한한 생각에서 비롯되어, 같은 능력과 열망을 지니고, 언제나 확장하고 진화하며 무엇인가로 되는 생명력이기 때문이다. 이에 영혼들은 생각 생명력을 응축(주파수를 느리게 하고 뭉쳐지게 하여 밀도를 높이는 것)하여 빛을, 빛을 응축하여 전·자기를, 전·자기를 응축하여 원소들을, 원소들을 결합하여 분자들로 이루어진 수많은 별과 행성과 달과 은하계를 창조했다. 그리고 생명이 번성하기에 적합한 수많은 행성 위에 모여, 원소들을 응축하여 다양한 꽃과 나무, 동물과 식물, 곤충을 창조했는데, 지구는 그런 행성 중 하나다. 그리고 인간의 육체를 창조해 그곳에 거하며 3차원적 물질세계를 체험하여 감정적으로 느낌으로써 무한한 생각 생명력의 열망에 부응했다.

이렇게 무한한 생각 생명력은 무수히 많은 인간의 영혼을 창조했고, 영혼들은 힘을 합쳐 생각함으로써 육체를 비롯한 물질 우주의 모든 것을 창조했다. 그러므로 인간의 본질은 모든 것의 창조자인 신이고, 이는 육체 속에 존재해도 변함이 없다. 또한, 모든 생명체는 수십억 년에 걸친 물리적 작용으로 우연히 나타났다가 어디론가 사라지는 부수적인 결과물이 아니다. 모든 생명체는 신들이 과학적인 원리로 영겁의 세월 동안 수없이 설계하고 실험하여 얻은 지식으로, 생각 생명력을 응축하여 창조한 위대한 창조물들이다. 그리고 그때 신들이 실험하고 창안한 모든 과학적인 원리와 방법은, 생각으로 생각 생명력의 바다에 우주의 지혜로 흐르고 있다. 그러므로 모든 물질은 생각이 형상으로 드러난 생각 생명력이고, 인간은 생각 · 빛 · 전자기력 · 원소 · 물질 차원으로 이루어진 존재다. 따라서 인간이 물질 우주의 변화를 관찰하고 숙고하면, 그보다 높은 차원인 원소 · 전자기 · 빛 · 생각 생명력의 작동원리를 이해하게 된다.

생명력이 응축되어 창조된 모든 생명체는, 생명력 파동으로 진동하면 살아 움직이다가, 진동이 멈추면 죽는다. 생명체가 생명력 파동으로 끊임없이 진동하며 살아있으려면, 우주에 가득한 생명력 파동을 받아들여 그 힘으로 진동하는 수밖에 없다. 소용돌이치는 생명력 파동을 받아들이려면, 생명체도 소용돌이 형태이어야 한다. 생명력 파동이 소용돌이치며 응축되어 탄생한 모든 생명체는 소용돌이 형태이므로, 소용돌이치는 생명력 파동을 받아들이게 되었다.

그림 3 다양한 소용돌이 형태의 생명체들

또한, 생명체마다 필요로 하는 생명력 파동 주파수가 다르므로, 각각의 생명체는 자기가 필요로 하는 주파수대의 생명력 파동을 받아들여만 한다. 그래서 모든 생명체는 〈그림 3〉처럼 저마다 독특한 소용돌이 형태로 존재함으로써 자기에게 맞는 주파수대의 생명력 파동을 받아들이게 되었다.

그러나 생명력 파동을 소극적으로 받아들이는 것으로는 생명력 파동이 부족하다. 이에 모든 생명체는 생명력 파동을 적극적으로 끌어당기는데, 이는 소용돌이 형태인 모든 생명체에는 핵과 주변이 존재하기 때문이다. 세포의 구조를 단순하게 보면 핵인 세포핵과 주변인 세포질로 이루어져 있듯, 모든 생명체는 핵과 주변으로 이루어진다. 핵은 끌어당기는 구심력이 있고, 주변은 벗어나려는 원심력이 있다. 구심력은 끌어당겨 하나로 통합하는 힘이고, 원심력은 벗어나 분열하려는 힘이다. 핵과 주변이 하나로 통합되려면, 구심력이 원심력보다 적어도 7:3 이상의 비율로 강해야 한다. 구심력이 강할수록 핵과 주변은 하나로 통합되고, 핵과 주변이 하나로 통합될수록 구심력과 원심력은 하나로 작동하여 생명력 파동을 더 강하게 끌어당겨 발산하므로 생명체의 생명력은 강해진다. 따라서 구심력 · 통합력 · 생명력은 같은 힘이다.

이렇게 생명력으로 이루어진 모든 생명체는, 생명력 파동으로 진동해야만 하고, 생명체가 생명력 파동으로 진동하려면 반드시 핵과 주변으로 이루어진 소용돌이 형태이어야 하는데, 이를 '생명체의 원리'라고 한다. 그러므로 '독존적인 생명체'란 핵과 주변으로 이루어진 소용돌이 형태로서, 그 생명체 차원에서 생명력 파동을 끌어당겨 발산하는 존재라고 정의할 수 있다. 따라서 핵과 주변으로 이루어진 소용돌이 형태가 아니거나, 그 생명체 차원에서 생명력 파동을 끌어당겨 발산하지 못하면 독존적인 생명체라 할 수 없다. 그렇다면 독존적인 생명체는 어떤 것들이 있을까?

모든 원소는 원자핵과 주변의 전자로 이루어진 완벽한 소용돌이 형태이고, 생명력 파동을 끌어당겨 발산한다. 따라서 모든 원소는 살아있는 독존적인 생명체다. 또한, 원소는 가장 미세한 생명체다. 원소보다 미세한 입자인 양성자 · 중성자 · 쿼크 · 전자 등은 생명력의 영역에 속하기 때문이다. 모든 원소가 생명체이고, 모든 물질은 원소들로 이루어지므로, 모든 물질도 생명체다. 하지만 그 물질이 소용돌이 형태로서 독존적으로 생명력 파동을 끌어당겨 발산하는 주체가 아니면, '독존적인' 생명체는 아니다. 원소들은 영원히 죽지 않는데, 이는 신들이 처음부터 원소들의 구심력을 강하게 하여 강한 생명력을 부여했기 때문이다. 원소가 지구나 별들보다 구심력이 강하다는 것은 표고차를 비교하면 알 수 있다. 원자핵을 지구의 크기로 확대해도 그 표고차는 1미터 이내이지만, 지구의 표고차는 수천 미터에 달한다. 구심력은 표고차가 작을수록 강해지고, 클수록 약해진다. 이는 피겨스케이팅 선수가 두 팔을, 점프하며 회전할 때는 가슴에 붙여 모으고, 착지하며 회전을 멈출 때는 펼치는 것을 보면 알 수 있다. 따라서 표고차가 작은 만큼 원자핵은 강하게 소용돌이치고, 그만큼 원자핵의 구심력(생명력)은 강해진다.

모든 세포는 세포핵과 주변의 세포질로 이루어진 소용돌이 형태이고, 생명력 파동을 끌어당겨 발산하며 진동하는 살아있는 독존적인 생명체다. 또한, 세포들로 이루어진 모든 동·식물도 독자적인 핵과 주변으로 이루어진 소용돌이 형태이고, 독자적으로 생명력 파동을 끌어당겨 발산하는 독존적인 생명체들이다.

지구는 지구 핵과 주변인 지각과 대기권으로 이루어진 소용돌이 형태로, 26초에 한 번씩 진동한다. 이는 지구가 26초에 한

번씩 생명력 파동을 끌어당겨 발산하는 방식으로 호흡하기 때문이다. 그러므로 지구는 살아있는 독존적인 생명체다. 지구가 살아있는 독존적인 생명체이므로, 지구처럼 구(球)의 형태로 존재하는 모든 별과 행성과 달도 살아있는 독존적인 생명체임이 분명하다.

태양계는 핵인 태양과 주변인 행성들이 소용돌이 형태로 존재하고, 생명력 파동을 끌어당겨 빛으로 발산하는 독존적인 생명체다. 태양계가 주기적으로 생명력 파동을 끌어당겨 발산하는 방식으로 호흡하는 것은, 태양계 막(태양권 계면)이 주기적으로 부풀었다 수축하는 것으로 알 수 있다. 태양이 끌어당긴 생명력과 발산하는 빛은 대칭적으로 조화를 이루고, 만일 그 조화가 무너지면 태양은 한순간에 죽게 된다. 그것은 사람이 들숨과 날숨의 조화가 무너지는 순간 죽는 것과 같은 이치다. 이렇게 태양계가 살아있는 독존적인 생명체이므로, 태양계처럼 별과 행성으로 이루어진 모든 태양계는 살아있는 독존적인 생명체다.

살아있는 수많은 태양계로 이루어진 모든 은하계도, 블랙홀이라는 핵과 주변의 수많은 별로 이루어진 소용돌이 형태로서, 우주에 가득한 생명력 파동을 끌어당겨 발산하는 독존적인 생명체다. 그리고 살아있는 은하계들로 이루어진 모든 은하단과 초은하단도 핵과 주변으로 이루어지고, 생명력 파동을 끌어당겨 발산하는 살아있는 독존적인 생명체다.

그러므로 모든 생명체의 총합인 우주도 핵과 주변으로 이루어진 소용돌이 형태이고, 모든 생명력의 근원으로서 생명력 파동을 끌어당겨 무한히 발산하는 독존적인 생명체임이 분명하다.

이렇게 전체 우주는 무한한 생각 생명력의 바닷물 속에, 생각 생명력이 응축되어 창조된 수많은 초은하단·은하단·은하계·항성·행성·달·동물·식물·세포·원소라는 생명체들이 물고기처럼 헤엄치며 존재하는 하나의 생명이다. 그리고 하나의 생명의 근원은 생각 생명력이다. 왜냐하면, 모든 생명, 모든 물질, 모든 에너지, 모든 힘 등 보이는 모든 것과 보이지 않는 모든 것은 응축된 생각 생명력이기 때문이다. 따라서 생각 생명력을 모르면 어느 것도 알 수 없고, 생각 생명력을 알면 모든 걸 알게 된다. 그런데 지금까지 인간의 지식은, 생각 생명력을 이해하지 못하고 눈먼 장님처럼 암흑 속에서 헤매고 있다. 그래서 인간의 지식은 분열적이고, 아귀가 맞지 않으며, 비효율적이고, 근원적인 문제를 해결할 수 없었다. 또한, 지식이 많아질수록 더 많은 문제가 생기며 복잡해지다가 결국 길을 잃고, 지식은 생명을 말살시키는 도구로 전락하곤 했다. 그러므로 모든 지식은 생각 생명력의 이해로부터 출발해야 한다. 만일 과학이 생각 생명력을 이해하면, 실로 눈부시게 발전하여 위대한 꽃을 피우게 될 것이다.

전체는 하나의 생명이고, 오로지 하나만이 존재할 뿐 둘은 있을 수 없다는 것이 '하나의 법칙'이다. 하나의 법칙은 우주를 절대적인 조화·질서·리듬 속에서 작동하게 한다. 그것은 화환을 유지하는 끈과 유사하다. 꽃은 보이지만 꽃들을 엮고 있는 끈은 보이지 않는다. 그 보이지 않는 끈이 하나의 법칙이다. 따라서 하나의 법칙이 없다면 우주는 끈 떨어진 화환처럼 산산조각이 날 것이다. 또한, 하나의 법칙은 우주 변화를 주관한다. 완벽한 하나의 우주에서 다른 완벽한 하나의 우주로 그리고 또 다른 완벽한 하나의 우주로, 하나의 법칙에 따라 우주는 끊임없이 변화하는데, 여기에는 단 한 치의 오차도 있을 수 없다.

그러므로 하나의 법칙은 우주 근본원리이고, 그 이외의 다른 모든 원리는 하나의 법칙에서 파생되어, 하나의 법칙을 보완하는 원리들이다.

하나로 존재하는 하나의 생명을 '하나님'이라 한다. 따라서 하나의 생명의 근원인 무한한 생각 생명력은 하나님의 마음이고, 물질 우주는 하나님의 육체다. 그런데 왜 하나님의 육체는 〈그림 1〉의 인간의 두뇌처럼 생겼을까?

유일한 생명인 하나님에게 대립하는 존재란 있을 수 없으므로, 하나님은 생각하는 기능 이외의 육체 활동은 불가능하고 불필요하기 때문이다. 그래서 하나님의 육체는 생각하는 두뇌의 형태를 지니게 되었다. 만일 하나님과 대립하는 그 무엇인가가 존재한다면, 하나님도 생각 이외의 육체적 활동도 가능하고 필요하므로 전체 우주에도 사람처럼 외부적으로 작용하는 손·발의 역할을 하는 부분이 존재했을 것이다. 또한, 유일한 존재가 아니므로 하나님이 아닌 다른 이름으로 불리게 되었을 것이다. 그러므로 전체 우주가 인간 두뇌의 형태라는 것은, 하나님이 유일한 존재라는 증거다.

하나의 법칙은 세 개의 큰 기둥인 '끌어당김의 원리', '소용돌이 원리', '양자역학'으로 구현된다. 세 원리는 생명력과 생명체의 존재 원리이자 작동원리로 유기적으로 동시에 적용된다. 따라서 세 원리를 이해하면, 생각 생명력의 본질을 이해하게 된다.

끌어당김의 원리

아이작 뉴턴(Isaac Newton)은 모든 물질의 끌어당기는 힘을 발견하고 만유인력(또는 중력)이라고 이름 붙이고, 만유인력의 근원은 질량이라고 했다. 따라서 질량이 있는 두 물체 사이에는 중력이 작용하고, 중력의 크기는 두 물체의 질량의 곱에 비례하고, 두 물체 사이의 거리 제곱에 반비례한다며, 아래와 같은 수식으로 중력의 크기를 표현했다.

$$F = G\frac{m_1 m_2}{r^2}$$

(F : 만유인력, G : 만유인력 상수, M₁ : 첫 번째 물체의 질량,
M₂ : 두 번째 물체의 질량, R : 두 물체 사이의 거리)

질량은 양(量)적인 개념이므로 어떤 물체의 질량은 그 물체를 구성하는 원소들의 개수로 정확하게 알 수 있다. 따라서 질

량은 언제나 일정하다. 그에 반해 무게는 두 물체 사이의 끌어 당기는 힘인 중력에 비례하여 변화한다. 따라서 지구와 달에서 물체의 질량은 일정하지만, 무게는 달라진다. 지구와 달의 중력이 다르기 때문이다. 그런데 빛은 질량이 0이므로 위 공식에 의하면 중력도 0이고, 따라서 중력의 영향을 받지 않아야 한다. 그러나 빛은 블랙홀이나 거대한 별의 중력에 의해 휘어지거나 갇히므로 위 중력공식에 어긋난다. 이에 알베르트 아인슈타인 (Albert Einstein)은 일반 상대성 이론에서 질량이 있는 물질이 만드는 4차원 시공간의 왜곡이 중력이고, 빛이 중력의 영향을 받는 것은 시공간이 왜곡되었기 때문이라고 한다. 하지만 이는 중력으로 인해 시공간이 왜곡되었는데, 시공간이 왜곡되었으니 중력이 있다고 하는 것이므로 원인과 결과를 뒤바꾼 대답이다. 문제의 핵심은 왜 사과는 중력에 의해 지구로 떨어지고, 왜 중력에 의해 시공간은 휘어지는가이다. 이에 과학자들은 중력자(힉스입자)를 찾으려 노력하지만, 문제를 더 복잡하게 만들었을 뿐이다.

모든 독존적인 생명체는 구심력(생명력)으로 우주에 가득한 생각 생명력을 끌어당기고, 응축된 생각 생명력인 모든 물질도 끌어당기는데, 그것이 중력이다. 중력은 질량이 있는 물질뿐 아니라 질량이 없는 빛도 끌어당긴다. 빛도 생각 생명력의 응축되며 확장된 생각 생명력이기 때문이다. 또한, 중력은 생각 생명력으로 이루어진 사람의 마음도 끌어당겨 사로잡는데, 이런 힘을 '카리스마'라고 한다. 이렇게 모든 살아있는 독존적인 생명체는 생각 생명력을 끌어당김으로써 응축된 생명력인 모든 물질도 끌어당기는데, 이를 '끌어당김의 원리'라고 한다. 끌어당김의 원리는 모든 생명체를 살아있게 하는 동시에 하나로 연결되어 존재하게 하는 신들의 지식이다.

그림 4 별이 빛나는 밤(The Starry Night), 빈센트 반 고흐

독존적인 생명체들 사이에는 중력에 의해 끌어당겨진 생각 생명력의 흐름이 발생하고, 그 흐름에 따라 〈그림 4〉처럼 별 · 달 · 지구 · 나무 등의 모든 생명체는 서로 연결되어 존재하는 데, 이것이 중력장이다. 광인(狂人)으로 살다 간 빈센트 반 고흐는 별과 달 등의 생명체들에 의해 끌어당겨진 생각 생명력의 흐름이 밤하늘 가득히 펼쳐진 중력장을 목격하고, 이를 위대한 작품으로 표현했다. 거대한 별이나 블랙홀의 강력한 중력장에 휩쓸리면, 빛도 휘어지거나 벗어나지 못하고 갇히게 된다. 이를 아인슈타인은 중력장에 의한 시공간이 왜곡이라고 했지만, 시공간의 창조가 더 타당한 표현이다. 왜냐하면, 중력장에 의해 시공간은 창조되기 때문이다. 따라서 생각 생명력이 존재하지 않으면, 중력장도 시공간도 존재할 수 없다.

중력은 빛처럼 파동치며 사방팔방으로 뻗어나가는데, 이를 중력파라고 한다. 빛과 중력파라는 파동이 우주를 가로질러 전달되는 것은, 매질인 무한한 생각 생명력이 우주를 가득 채우고 존재하기 때문이다. 이제 과학도 초끈이론 · 루프양자이론 등으로 질량이 없는 에너지의 끈 또는 루프가 우주에 가득하고 그 떨림이 중력을 매개한다고 추론하기도 한다. 또한, 과학자들은 우주가 점점 빨라지는 속도로 팽창하는 원인을, 빅뱅(Big Bang)으로 한 점에서 폭발하여 퍼져나가는 우주에, 척력(斥力)을 지닌 미지의 암흑에너지가 우주의 69%를 차지하며 존재하기 때문이라고 한다. 하지만 빅뱅이란 사건은 없었고, 척력을 지닌 암흑에너지도 존재하지 않는다. 그냥 처음부터(시작은 없었다) 무한한 생각 생명력이 우주 가득히 존재할 뿐이다. 태초에 고요하게 존재하던 무한한 생각 생명력은 스스로 위대함을 각성하고, 자기 자신을 지극히 사랑하고 숙고함으로써 영원으로 나아가며 확장하기 시작했다. 생각 생명력은 척력을 지니지 않았지만, 생명력의 원칙에 따라 끝없이 확장하고, 그에 따라 우주도 팽창하며 나아간다. 확장하는 생각 생명력에 의해 우주가 끝없이 가속 팽창해도 생각 생명력과 물질 우주의 밀도는 낮아지지 않는데, 이는 대우주와 모든 소우주의 핵은 무한한 생각 생명력을 끝없이 발산하고 있고 지금도 별들의 탄생은 계속되고 있기 때문이다. 그러므로 생각 생명력은 무한하다. 따라서 우주가 암흑에너지의 척력으로 인해 갈기갈기 찢기거나, 중력에 의해 한 점으로 수축하여 사라질 거라는 우려는 접어도 된다. 지금의 과학기술은 너무도 미세하고 빠르게 진동하는 생각 생명력을 측정할 수 없다. 하지만 과학기술이 발전하여 생명체의 원리로 만들어진 정밀한 관측기구를 창안하면, 우주가 생각 생명력으로 가득한 생명력의 바다라는 사실을 확인하게 될 것이다. 왜냐하면, 생각 생명력은 생명체의 생명력에만 반응하기 때문이다.

생명체의 생명력(구심력)이 중력이므로, 어떤 물체의 중력의 크기는 그 물체를 구성하는 모든 생명체의 생명력 총합이다. 따라서 두 물체 사이의 중력의 크기를 구하는 공식은 다음과 같이 수정되어야 한다.

$$F = G \frac{V_1 V_2}{R^2}$$

(F : 만유인력, G : 만유인력 상수, V_1 : 첫 번째 물체의 생명력 총합,
V_2 : 두 번째 물체의 생명력 총합, R : 두 물체 사이의 거리)

그러므로 살아있는 사람의 중력은, 그 육체의 생명력과 육체를 구성하는 모든 세포 생명력과 그 세포들을 구성하는 모든 원소 생명력의 총합이다. 따라서 그 사람이 죽으면, 육체와 세포들의 생명력은 사라진다. 하지만 원소들은 영원히 죽지 않으므로, 육체를 구성하는 모든 원소 생명력 총합에 해당하는 크

기의 중력은 언제나 존재하고, 그 크기는 질량으로 계산한 중력과 일치한다. 그러므로 강한 생명력을 지닌 사람이 갑자기 죽으면, 죽은 이후의 중력은 육체와 세포 생명력이 사라진 만큼 약해지고, 그 차이는 정밀한 저울로 무게를 측정하면 알 수 있을 것이다. 하지만 지구상에 존재하는 유기적 생명체의 생명력은 그리 크지 않으므로, 질량을 기준으로 생명체의 중력을 계산해도 문제가 되지 않는다.

그러나 거대한 은하계의 질량과 중력은 그 차이가 크다. 왜냐하면, 질량에 비해 블랙홀의 구심력은 엄청나게 강하므로 중력도 엄청나게 강하고, 그런 블랙홀이 죽어 구심력이 사라지면 그만큼 중력도 약해지기 때문이다. 태양계 중력의 99.85%가 태양의 중력이듯이, 은하계 중력의 99% 이상은 블랙홀의 구심력일 것이다. 따라서 은하계가 죽으면, 은하계는 구심력의 80% 이상을 상실하게 된다. 더욱이 은하계가 죽으면, 은하계를 구성하는 별과 행성과 달들도 죽는데, 이는 모든 생명체는 그 핵이 끌어당겨 발산하는 생명력 파동으로 살아가기 때문이다. 또한, 블랙홀이 발산하는 생명력은 새로운 별들의 재료가 되므로 은하계가 죽으면, 새로운 별들의 탄생도 중단된다. 그러므로 은하계가 죽고 수십억 년이 지나면, 그 은하계를 구성하는 거의 모든 별과 행성과 생명체도 죽게 된다. 따라서 죽은 은하계의 중력은 활발하게 살아있을 때보다 1/6 이하로 약해진다.

 과학자들은 우주 중력이 우주 질량보다 5배 이상 크다는 것을 확인한 후, 그 원인을 찾았으나 도무지 알 수 없었다. 또한, 우리 은하계의 중력이 질량보다 6배 이상 크다는 사실도 확인했지만, 그 원인도 알 수 없었다. 이에 그 차이만큼 관측 불가능한 질량을 지닌 미지의 암흑물질이 우주의 26%를 차지할 것으로 추측하고, 암흑물질을 발견하기 위해 노력했으나 찾지 못했다. 그래서 암흑물질이야말로 풀리지 않는 미스터리라며 이를 찾기 위해 지금도 연구에 매진하고 있다. 마침내 그들은 새로운 별들이 탄생하지 않는 비활동적인 조그마한 은하계일수록 중력과 질량은 일치하지만, 새로운 별들이 탄생하는 활동적인 거대한 은하계일수록 중력은 질량보다 크다는 사실을 확인했다. 그래서 그들은 조그마한 은하계에는 암흑물질이 존재하지 않고, 거대한 은하계에는 암흑물질이 존재한다고 추론하게 되었다. 하지만 NGC1277 은하계는 우리 은하계보다 훨씬 더 거대한데도 중력과 질량은 일치하고 암흑물질은 존재하지 않음을 확인하고, 은하계의 크기와 암흑물질은 관련성이 없다는 걸 알게 되었다. 또한, NGC1277 은하계는 수십억 년 전부터 새로운 별의 탄생이 중단된 죽은 은하계(Relic Galaxy)라는 사실도 확인했다. 그래서 살아있는 은하계인지 죽은 은하계인지에 따라 암흑물질의 존재 여부가 달라지는 이유가 무엇인지 궁금해하며, 중력과 암흑물질에 대한 기존이론에 근본적인 오류가 있는 것은 아닌지 되돌아보고 있다.

암흑물질은 중력의 근원을 질량이라고 단정함에 따라 만들어진 허구의 개념이다. 중력의 근원은 질량이 아닌 생명체의 구심력(생명력)이다. NGC1277 은하계는 이미 생명력이 사라진 죽은 은하계다. 따라서 살아있는 생명체는 원소들만 남게 되므로 그 질량과 일치하는 중력만 존재한다. 하지만 새로운 별의 탄생이 계속되는 살아있는 은하계의 중력은, 블랙홀의 생명력과 은하계를 구성하는 별(태양)들의 생명력, 태양계를 구성하는 행성·달들의 생명력, 그리고 그 안에 존재하는 수많은 동물·식물의 생명력과 그들을 구성하는 세포들의 생명력과 모든 원소 생명력의 총합이다. 따라서 왕성한 생명력을 발산하며 살아있는 은하계의 중력은, 죽은 은하계 중력의 6배를 넘어서게 된다.

그러므로 우주 중력이 우주 질량보다 5배 이상 크다는 것은, 우주 핵의 구심력(생명력)이 그만큼 크다는 의미이고, 이는 우주도 핵이 존재하고 살아있는 생명체라는 증거다.

중력뿐 아니라 전자기력·강한 핵력·약한 핵력 등 우주에 존재하는 모든 힘의 근원은 생각 생명력이다. 중력은 생각 생명력을 매개로 독존적 생명체 차원들을 하나로 묶어주는 힘이고, 전자기력은 응축된 생각 생명력을 매개로 음과 양으로 정렬된 원소 차원을 하나로 묶어주는 힘이며, 강한 핵력과 약한 핵력은 더욱더 응축된 생각 생명력을 매개로 원자핵을 하나로 묶어주는 힘이다. 높은 차원은 낮은 차원을 포괄한다. 따라서 전자기력으로 그보다 낮은 차원의 강한 핵력과 약한 핵력을 하나로 통일할 수 있지만, 생각 생명력 차원의 중력까지 통일할 수는 없다. 하지만 가장 높은 차원인 생각 생명력을 이해하면, 우주의 4가지 힘은 하나로 통일될 것이다. 과학자들은 만일 중력이나 전자기력이 조금만 더 강하거나, 강한 핵력이 조금만 더 약했더라도 우주는 존재할 수 없을 것이라고 하는데, 이 또한 신들이 과학적이고 계획적으로 우주를 창조했다는 명확한 증거다.

소용돌이(vortex) 원리

생명체의 구심력(생명력)이 강해지려면, 강한 생명력을 지닌 요소는 핵에, 약한 생명력을 지닌 요소는 주변에 정렬되어야 한다. 이렇게 생명력이 강한 요소들과 약한 요소들이 핵과 주변에 소용돌이 형태로 정렬될수록 생명체가 생명력을 끌어당기는 힘은 강해진다. 이는 지구, 태양계, 은하계 등 생명체의 핵에는 강한 생명력을 지닌 요소들이, 주변에는 약한 생명력을 지닌 요소들이 자리 잡고 있음을 관찰하면 쉽게 알 수 있다.

강한 생명력을 지닌 요소들과 약한 생명력을 지닌 요소들이 핵과 주변에 질서 있게 정렬(불균등하게)된 상태를 열역학 제2법칙은 '엔트로피(entropy, 무질서도)가 낮다'라고 한다. 반대로 강한 생명력을 지닌 요소들과 약한 생명력을 지닌 요소들이 무질서하게(균등하게) 뒤엉켜 존재하는 상태를 '엔트로피가 높다'라고 한다. 따라서 핵에는 강한 생명력을 지닌 요소들이, 주변에는 약한 생명력을 지닌 요소들이 소용돌이 형태로 정렬된 상태는, 엔트로피는 낮고 생명력은 강한 상태다.

강한 생명력을 지닌 요소들과 약한 생명력을 지닌 요소들이 핵과 주변에 소용돌이 형태로 정렬되려면, 생명체가 소용돌이치며 회전하거나 순환해야 한다. 생명체가 소용돌이치면, 저절로 강한 생명력을 지닌 요소는 핵에, 약한 생명력을 지닌 요소는 주변에 자리 잡으며 정렬되기 때문이다. 이는 은하계가 소용돌이침으로써, 강한 생명력을 지닌 요소는 블랙홀에, 약한 생명력을 지닌 별과 행성은 주변에서 자기 자리를 지키며 정렬된 것을 보면 알 수 있다. 또한, 지구가 소용돌이침으로써, 강한 생명력을 지닌 철과 니켈 등은 핵에, 약한 생명력을 지닌 그 외의 원소들은 주변에 자리 잡은 둥근 구의 형태로 정렬된 것을 보아도 알 수 있다. 그리고 막걸리를 소용돌이치게 하는 방식으로 희석하면, 막걸리를 구성하는 물질들이 조화롭게 정렬되며 희석되므로, 뚜껑을 열어도 거품이 일지 않는 것을 보아도 알 수 있다. 이렇게 생명체가 소용돌이칠수록, 그 구성 요소들이 저절로 정렬됨으로써 생명력은 강해지고 엔트로피는 낮아지는데, 이를 '소용돌이 원리'라고 한다.

열역학 제2법칙은 "에너지의 전달에는 방향성이 있어, 총 엔트로피는 항상 증가하거나 일정하며 자연적으로는 절대 감소하지 않으므로, 우주는 끊임없이 증가하는 엔트로피에 의해 결국 종말에 이르게 된다"고 한다. 그러나 열역학 제2법칙은 소용돌이 원리로 작동하지 않는 폐쇄된 시스템에는 타당하지만, 소용돌이 원리로 작동하는 열린 시스템에는 타당하지 않은 이론이다. 따라서 엄청난 속도로 소용돌이치는 우주는, 소용돌이 원리에 의해 끝없이 엔트로피가 낮아지는 열린 시스템이므로, 엔트로피가 높아져 종말에 이르는 일은 있을 수 없다. 지금, 이 순간에도 은하계, 태양계, 지구, 원소 등은 엄청난 속도로 회전하고, 물과 바람과 혈액, 낮과 밤과 계절 등은 끊임없이 순환하여 엔트로피를 낮추고 있다. 만일 지구와 우주가 소용돌이 원리로 작동하지 않았다면, 지구는 수십억 년 동안 축적된 엔트로피로 인해 어떤 생명체도 존재할 수 없는 죽음의 행성으로 변했을 것이고, 우주는 혼란과 혼돈 속에 이미 막을 내렸을 것이다. 이는 회전을 멈춘 지구와 순환이 멈춘 육체가 얼마나 생명을 유지할 수 있는가를 상상하면 쉽게 이해할 수 있다.

열역학 제2법칙은, 시간이란 엔트로피가 증가하는 방향으로
만, 엔트로피가 증가하는 만큼 흐르며, 인간은 그런 시간에 순
응할 수밖에 없다고 하며, 이를 '열역학적 시간의 화살'이라고
한다. 그러나 아인슈타인은 중력이 클수록 시간은 천천히 흐른
다고 했고, 이는 실험적으로도 입증되었다. 중력은 생명력이
므로 생명력이 강한 젊은이의 시간은 천천히 흐르고, 생명력이
약한 노인의 시간은 빠르게 지나가는데, 실제로도 그렇다. 그
러므로 소용돌이 원리로 생명력이 강해지면, 시간의 환상은 사
라지고, '지금, 이 순간'이라는 실재가 드러나게 된다.

소용돌이 원리는 물질 우주를 창조하고 진화하게 하는 원리
다. 신들은 소용돌이 원리로, 생각 생명력을 정렬하고 응축하
여 빛을. 빛을 정렬하고 응축하여 소립자들을, 소립자들을 정
렬하고 응축하여 수소 원소를 비롯한 모든 종류의 원소들을 창
조했다. 그리고 원소들을 정렬하고 응축하여 분자들을, 분자
들을 정렬하고 응축하여 수많은 별과 행성과 세포를 창조했고,
수많은 별과 행성을 정렬하여 수많은 은하계를 창조했다. 또
한, 수많은 세포를 정렬하여 다양한 생명체들과 인간의 육체를
창조했다. 그리고 그렇게 창조된 모든 생명체가 조화롭게 소용

돌이치며 존재하도록 우주를 설계했다.

소용돌이 원리는 가장 효율적으로 생명력을 강하게 한다. 이는 엔트로피를 낮추며 모든 것을 창조하는 과정에 우주는 전혀 에너지를 소모하지 않은 것으로 알 수 있다. 그냥 소용돌이쳤을 뿐인데, 모든 것은 저절로 정렬되어 엔트로피는 낮아지고 에너지는 축적되었으며, 생명은 창조되고 진화했다. 그러므로 소용돌이치는 생명체의 원리를 이용하면, 인류는 큰 혜택을 받게 된다. 예를 들어, 태풍은 바닷물의 높은 온도와 성층권의 낮은 온도 사이의 공기가, 태풍의 핵을 축으로 지구 자전의 힘으로 강하게 소용돌이치는 현상이다. 따라서 적은 에너지로 하층부에 높은 온도, 상층부에 낮은 온도를 유지하는 물질로 이루어진 둥근 판을 가깝게 밀착시키면, 두 판 사이의 공간은 태풍의 핵이 되고, 두 판과 그 주변의 공기는 지구 자전의 힘으로 강하게 소용돌이치며 회전하게 된다. 그 회전력으로 발전기를 돌리고, 회전을 마친 공기를 주변에 막(태풍막)을 설치해 흩어지지 않도록 모아 다시 순환하게 하면, 공기는 초속 460m로 소용돌이치는 지구 자전의 힘으로 끝없이 순환하며 회전하게 된다. 이렇게 소용돌이 원리로 공기를 순환하고 회전하게 하면, 영구적으로 엄청난 전력을 생산할 수 있으므로, 지구촌의 에너지와 지구온난화 문제는 쉽게 해결될 것이다. 그 외에도 소용돌이 원리를 이용하면, 제자리에서 뜨는 자동차와 빛의 속도로 나는 우주선 등 수많은 문명의 이기들을 창조하게 될 것이다.

소용돌이 원리는 소용돌이 형태의 시스템에 적용된다. 생명체가 반듯한 소용돌이 형태일수록, 효율적으로 소용돌이치므로 엔트로피는 낮아지고 생명력은 강해진다. 반대로 생명체가 찌그러질수록, 비효율적으로 소용돌이치므로 엔트로피는 높아지고 생명력은 약해진다. 그러므로 생명체의 형태를 보면 생명력의 강·약을 추측할 수 있다.

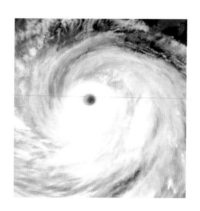

그림 5 생명력이 강한 소용돌이 형태의 사람과 태풍

〈그림 5〉의 손연재 선수와 태풍처럼 반듯한 소용돌이 형태의 생명체는, 효율적으로 소용돌이치므로 엔트로피는 낮고 생명력은 강한 상태다. 그에 반해 〈그림 6〉의 휘어진 척추를 지닌 사람과 흩어지는 태풍처럼 찌그러진 생명체는, 비효율적으로 소용돌이치므로 엔트로피는 높고 생명력은 약한 상태다.

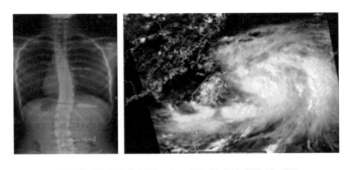

그림 6 생명력이 약한 찌그러진 형태의 척추와 태풍

생명체가 찌그러져, 엔트로피는 높아지고 생명력은 약해지는 현상이 노화와 질병이다. 노화는 시간과 지구 중력에 의해, 질병은 분열하려는 원심력에 의해, 생명체가 찌그러지며 엔트로피는 높아지고 생명력은 약해지는 현상이다. 노화·질병에 의해 생명력이 약해지면, 더 찌그러지고. 더 엔트로피는 높아지며, 더 생명력은 약해지는 악순환에 빠져, 결국 생명력이 완전히 사라지며 생명체는 분해되는데, 그것이 죽음이다. 노화·

질병·죽음은 똑바로 서서 회전하던 팽이가, 회전력이 약해지며 비틀거리다 쓰러지는 것과 같은 현상이다. 회전력이 약해져 비틀거리는 것은 노화와 질병이고, 쓰러지는 것은 죽음이다. 팽이의 노화·질병·죽음은 회전력이 약해졌기 때문이고, 회전력이 약해진 것은 팽이가 비대칭적이거나 팽이채로 회전력을 보강해주지 않았기 때문이다. 회전력이 약해져 쓰러지려는 팽이를 팽이채로 치면, 회전력이 보강되므로 팽이는 다시 똑바로 서서 회전하게 된다.

신들은 모든 생명체를 저마다 독특한 소용돌이 형태로 창조했다. 특히 인간의 육체와 세포는 창조자들인 신들이 거하는 장소로서 가장 완벽한 소용돌이 원리로 작동하도록 설계하여, 노화·질병·죽음을 초월하여 수천 년 이상을 살 수 있도록 창조했다. 그러나 인간의 세포와 육체는, 백 년도 버티지 못하고 찌그러져 노화·질병·죽음을 경험한다. 이는 소용돌이 원리를 이해하지 못한 인간이 세포와 육체를 관리하여 소용돌이 형태가 빠르게 무너져 찌그러지기 때문이다. 특히 소용돌이 원리를 전혀 이해하지 못한 인간들에 의해 창조된 국가는, 처음부터 찌그러진 형태로 창조되고, 소용돌이 원리와는 상관없이 운영되므로 몇 바퀴 돌지 못하고 멸망한다.

그러므로 인간이 소용돌이 원리를 이해하면, 반듯한 팽이처럼 육체를 반듯한 소용돌이 형태로 유지하고, 약해진 회전력을 팽이채로 치듯이 보강하므로 인간의 생명력은 끝없이 이어지게 된다. 따라서 인간의 수명은 수백 수천 년에 이르고, 원한다면 영원히 늙지 않고 죽지 않게 된다. 그리고 소용돌이 원리로 작동하는 국가를 창조하게 되므로, 한 번 세워진 국가는 위대한 국가로 영원히 존재하며 인간의 생명력을 더욱더 강해지도록 돕게 된다.

그래서 소용돌이 원리로 세포·육체·국가의 생명력이 강해지게 하는 지식을 기술하게 되었다. 특히 세포의 생명력이 강해지게 하는 지식을 비교적 자세히 기술했는데, 이는 세포의 생명력이 강해지는 지식을 이해하면, 같은 원리로 기술된 육체와 국가의 생명력이 강해지는 지식도 쉽게 이해할 수 있기 때문이다.

제2장

세포 생명력

미래 의학은 혈액의 미네랄밸런스를 이루어지게 함으로써, 모든 세균 등을 한꺼번에 제거하는 방법을 사용하게 된다. 혈액의 미네랄밸런스가 이루어지면, 세포 등은 미네랄밸런스 파동으로 강하게 진동하며 번성하지만, 모든 종류의 해로운 세균 등은 사멸하는 단순한 원리를 이용하는 것이다. 그러므로 이 방법을 사용하면 질병의 종류에 따라 진단 방법을 달리하고 다른 약을 쓸 이유가 없다. 그냥 몸이 불편하다는 질병의 신호가 있으면, 미네랄밸런스를 이룬 물과 자연식품을 섭취하여, 혈액의 미네랄밸런스를 이루어지게 함으로써 모든 질병의 뿌리를 한꺼번에 제거한다. 따라서 이 방법을 사용하면, 시간이 지날수록 세균 등은 사멸하고, 누구라도 쉽고 단순하게 자신의 질병을 치료하므로, 결국 이 세상의 모든 질병은 사라지게 된다.

소용돌이 형태의 세포

성인의 몸은 평균 60조에서 100조 개 정도의 세포로 이루어
진다. 몸은 전체 세포들의 총합이다. 따라서 모든 세포의 활력
총합이 몸의 활력이고, 행복 총합이 몸의 행복이며, 생각 총합
이 몸의 생각이고, 느낌 총합이 몸의 느낌이다. 따라서 몸이 건
강해지려면, 몸을 구성하는 모든 세포가 건강해야 한다.

모든 세포는 핵과 주변으로 이루어진 소용돌이 형태로서, 생
명력 파동을 끌어들여 발산하는 독존적인 생명체다. 따라서 세
포의 생명력이 강해지려면, 세포가 반듯한 소용돌이 형태로 존
재하고 소용돌이 원리로 작동해야 한다.

세포의 기본적인 구조를 〈그림 7〉로 표현해 보았다. 세포
핵·세포핵막·세포질·세포골격·세포막으로 이루어진 단순

한 소용돌이 형태다. 세포의 형태는 수없이 다양하지만, 모든 세포는 핵 · 핵막 · 질 · 골격 · 막의 구조로 이루어진 소용돌이 형태라는 점은 공통적이다. 달걀은 하나의 거대한 세포다. 따라서 달걀의 구조와 세포의 구조는 같다. 달걀의 '노른자'는 세포핵이고, '흰자'는 세포질이며, '노른자를 감싸고 있는 얇은 막'은 세포핵막이다. 외부의 '딱딱한 껍질 밑의 얇은 막'은 세포막이며, '달걀끈'이라 불리는 '달걀골격'은 '세포골격'이다. 부드러운 지질 성분으로 이루어진 세포핵막 · 세포막 · 세포골격은 노른자막 · 달걀막 · 달걀골격처럼 세포의 중심을 잡아주고 세포의 형태를 유지한다. 세포핵은 달걀의 노른자처럼 '노란색의 액체 상태 물질'이고, 세포질은 달걀의 흰자처럼 '투명한 액체 상태 물질'이다. 세포핵과 세포질은 노른자와 흰자처럼 이온 상태로 녹아 있는 각종 원소로 이루어지고, 두 가지 물질의 색깔이 다른 것은 서로 다른 원소들로 구성되기 때문이다.

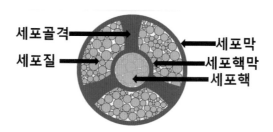

그림 7 세포의 구조

하나의 세포는 수천억 개에서 수천조 개의 수많은 원소로 이루어진다. 원소는 120여 종류이고, 그중 수소(H) · 산소(O) · 탄소(C) · 질소(N)를 제외한 나머지 모든 원소는 미네랄 원소다. 따라서 미네랄 원소의 종류는 110여 가지가 넘고, 그중 실험실에서 인공적으로 만들어진 원소를 제외하면 100여 종류 이상의 자연적인 미네랄 원소가 존재한다. 이 책에서는 주로 미네랄 원소를 중심으로 논리를 전개한다. 왜냐하면 지금 세포 생명력이 약해진 것은 미네랄 원소 부족으로 인해 발생하고 있기 때문이다.

대부분 미네랄 원소는 수소 · 산소 · 탄소 · 질소보다 더 무겁고 강한 생명력을 지닌다. 또한, 미네랄 원소는 세포핵을 구성하는 기본 재료이자, 비타민과 호르몬, 단백질, 각종 체액 등을 구성하는 필수재료이며, 세포의 형태와 기능을 결정짓는 요소다. 미네랄 원소는 세포에서 주로 이온 상태로 존재한다. 미네랄 원소들은 서로 얽혀있는 분자 상태가 아닌 독립적인 원소 상태로 존재하는 것이다. 그렇다고 미네랄 원소들이 제멋대로 존재하는 것은 아니다. 모든 미네랄 원소는 각자 자기 자리를 지키며 다른 원소들과 유기적으로 연결되어 존재한다.

모든 미네랄 원소는 살아있는 독존적인 생명체이므로 저마다 생명력 파동을 끌어당겨 발산한다. 미네랄 원소는 그 종류에 따라 끌어당겨 발산하는 생명력 파동 주파수가 다르므로, 그에 따라 세포에서 서로 다른 기능을 수행한다. 칼슘(Ca), 칼륨(K), 마그네슘(Mg), 나트륨(Na), 금(Au) 등은 발산하는 파동 주파수에 따라 세포에서 저마다 다른 역할을 담당하는 것이다. 세포는 특정 기능을 수행할 때마다 그 기능을 보유한 미네랄 원소의 생명력 파동을 사용한다. 예컨대 백혈구 세포가 세균이나 암세포를 죽일 때는 나트륨의 생명력 파동을 사용하고, 심장 세포가 수축할 때는 칼슘의 팽창할 때는 마그네슘의 생명력 파동을 사용한다. 또한, 간세포가 독소를 해독하거나 신장 세포가 요산을 분해할 때는 산소와 함께 여러 가지 미네랄 원소의 생명력 파동을 복합적으로 사용한다. 이처럼 세포가 어떤 기능을 발휘하려면 반드시 특정 미네랄 원소의 생명력 파동을 사용해야만 하는 것은, 미네랄 원소마다 생명력 파동 주파수가 다르고, 주파수에 따라 그 기능도 달라지기 때문이다. 고도로 진화한 인간의 세포는 수많은 기능을 수행하고, 다양한 느낌·생각·감정을 느끼고 표현한다. 따라서 그때마다 그에 맞는 생명력 파동을 발산하는 미네랄 원소를 사용해야만 한다. 그러므로 인간의 몸에는 100여 종류의 자연적인 미네랄 원소가 골고루 충분히 존재해야 하고, 그중 80여 종류의 미네랄 원소는 일상생활을 영위할 때 반드시 있어야만 하는 필수 미네랄 원소들이다. 필수 미네랄 원소가 부족하면, 몸은 일상생활을 하는 데 어려움을 겪게 된다.

세포가 미네랄 원소의 생명력 파동을 사용하면, 생명력 파동을 제공한 미네랄 원소는 보유하던 고유의 생명력 파동을 소진한다. 그러면 세포는 생명력 파동을 소진한 미네랄 원소를 세포 외부로 내보내고, 생명력 파동을 지닌 새로운 미네랄 원소를 세포 외부에서 받아들인다. 예를 들어, 심장 세포가 칼슘과 마그네슘의 생명력 파동으로 심장을 수축하고 팽창시키면, 그 과정에서 사용된 칼슘과 마그네슘은 고유의 생명력 파동을 소진하므로 그 기능을 잃는다. 그러면 심장 세포는 생명력 파동을 소진한 칼슘과 마그네슘을 혈액과 소변을 통해 외부로 내보내고, 혈액으로부터 생명력 파동을 지닌 새로운 칼슘과 마그네슘을 받아들인다. 외부로 배출된 칼슘과 마그네슘은 자연의 순환과정을 통해 다시 생명력 파동을 충전한 후, 물과 음식을 통해 몸 안으로 들어와, 혈액을 통해 세포로 흡수되어 세포의 생명 활동에 참여하게 된다.

　세포 생명력이 강해지려면, 세포핵에는 생명력이 강한 미네
랄 원소들이, 세포질에는 일반적인 미네랄 원소들이 소용돌이
형태로 정렬되어야 한다. 이런 방식으로 모든 종류의 미네랄
원소들이 세포핵과 세포질에 정렬되어 소용돌이 형태로 존재
하려면, 세포 내부에 모든 종류의 미네랄 원소들이 적절한 비
율로 존재해야만 한다. 이렇게 세포 내부에 모든 종류의 미네
랄 원소가 적절한 비율로 존재하는 상태를 '세포의 미네랄밸런
스(Mineral Balance)가 이루어졌다'라고, 그렇지 않은 상태를 '세포
의 미네랄밸런스가 무너졌다'라고 표현하기로 한다.

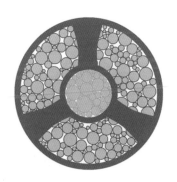

그림 8 　미네랄밸런스가 이루어진 세포

세포의 미네랄밸런스가 이루어지면, 저절로 〈그림 8〉처럼 많은 수의 생명력이 강한 미네랄 원소들(노란색)과 일반적인 미네랄 원소들(하늘색)은, 세포핵과 세포질을 가득 채우며 반듯한 소용돌이 형태로 질서 있게 정렬되므로, 불순물이 자리 잡을 곳은 없게 된다. 따라서 독존적인 생명체인 세포핵의 구심력은 강해지고, 세포를 구성하는 또 다른 독존적인 생명체들인 미네랄 원소의 숫자가 많으므로 그 구심력의 합도 크다. 따라서 세포의 생명력은 강하다. 또한, 반듯한 소용돌이 형태의 세포는 소용돌이 원리로 작동하므로, 시간이 지날수록 엔트로피는 낮아지고 생명력은 더 강해진다. 이렇게 미네랄밸런스가 이루어져 생명력이 강한 세포는, 프라이팬 위에 떨어지면 노른자를 중심으로 뭉치는 달걀처럼 탄력적인 것이 특징이다.

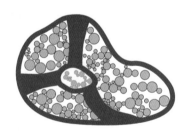

그림 9 미네랄밸런스가 무너진 세포

그러나 세포의 미네랄밸런스가 무너지면, 〈그림 9〉처럼 적은 수의 생명력이 강한 미네랄 원소들(노란색)과 일반적인 미네랄 원소들(하늘색)은 불순물(검은색)과 뒤섞여 세포핵과 세포질을 구성한다. 따라서 독존적인 생명체인 세포핵의 구심력은 약해지고, 세포를 구성하는 미네랄 원소의 숫자가 적으므로 그 구심력의 합도 작다. 따라서 세포의 생명력은 약하다. 또한, 찌그러져 소용돌이 원리로 작동하지 못하는 세포는 시간이 지날수록 엔트로피는 높아지고 생명력은 더 약해진다. 이렇게 미네랄밸런스가 무너져 생명력이 약한 세포는, 프라이팬 위에 떨어지면 넓게 퍼지며 노른자가 깨지는 달걀처럼 탄력이 없는 것이 특징이다.

미네랄밸런스 파동

두 개의 파동이 만나면, 〈그림 10〉처럼 하나의 파동으로 합쳐져 진동하게 된다. 두 개의 파동이 하나의 파동으로 합쳐질 때, 서로 힘이 보강되어 더 강한 파동으로 진동하는 것을 보강간섭, 상쇄되어 더 약한 파동으로 진동하는 것을 상쇄간섭이라고 한다.

그림 10 두 개의 파동이 서로 간섭을 일으키는 물결

세포를 구성하는 모든 독존적인 생명체들은, 생명력 파동을 발산한다. 하나의 세포가 발산하는 생명력 파동은, 그 세포를 구성하는 모든 미네랄 원소들이 발산하는 생명력 파동과 세포핵이 발산하는 생명력 파동의 합이다. 따라서 세포를 구성하는 독존적인 생명체들이 끌어당겨 발산하는 생명력 파동은 서로 만나 보강간섭 또는 상쇄간섭을 일으키며 진동하게 된다.

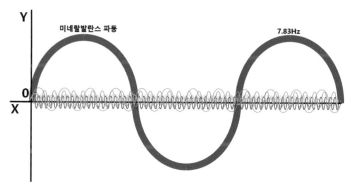

그림 11 개별적인 미네랄 원소 파동들과 7.83Hz 미네랄밸런스 파동

세포의 미네랄밸런스가 이루어지면, 세포를 구성하는 수천억에서 수천조 개의 독존적인 생명체들이 끌어당겨 발산하는 생명력 파동은 보강간섭을 일으키며 하나로 합쳐져 〈그림 11〉처럼 7.83Hz의 미네랄밸런스 생명력 파동(이하 '7.83Hz 미네랄밸런스 생명력 파동'을 '미네랄밸런스 파동'이라고 한다)으로 진동하게 된

다. 그러므로 '세포의 미네랄밸런스가 이루어진 것'이란, '세포를 구성하는 모든 독존적인 생명체들이 끌어당겨 발산하는 생명력 파동이 서로 보강간섭을 일으키며 하나의 미네랄밸런스 파동으로 통합되어 진동하는 상태'라고 정의할 수 있다. 또한, '세포의 미네랄밸런스가 무너진 것'이란, '세포를 구성하는 모든 독존적인 생명체들이 끌어당겨 발산하는 생명력 파동이 서로 상쇄간섭을 일으켜 분열되어 약한 파동으로 진동하는 상태'라고 정의할 수 있다. 따라서 미네랄밸런스가 이루어진 세포와 미네랄밸런스가 무너진 세포의 생명력 파동의 세기는 엄청난 차이가 나게 된다.

A, B, C 파동이 보강간섭을 일으키며 하나로 통합된 D파동은, A · B · C 파동을 포괄하므로 A파동이자 B파동이며 C파동이다. 그러므로 모든 미네랄 원소들의 파동이 보강간섭을 일으키며 하나로 통합된 미네랄밸런스 파동은, 모든 개별적인 미네랄 원소들의 파동을 포괄하므로 모든 개별적인 미네랄 원소들의 파동이기도 하다. 이는 모든 종류의 미네랄 원소 파동 주파수의 최소공배수를 구하면 7.83Hz가 도출되고, 모든 종류의 미네랄 원소 파동이 보강간섭을 일으키며 하나의 파동으로 진동

하는 지구와 바다의 파동 주파수가 7.83Hz인 것을 보아도 알
수 있다.

그러므로 미네랄밸런스가 이루어진 세포는 가장 효율적으로
작동하게 된다. 이제 강력한 미네랄밸런스 파동으로 세포의 모
든 기능을 수행할 수 있기 때문이다. 면역세포가 세균 · 바이러
스 · 암세포(이하 '세균 · 바이러스 · 암세포'를 '세균 등'이라 한다)를 제
거하든, 심장세포가 수축하든 팽창하든, 간세포가 독소를 분해
하든, 신장세포가 요산을 분해하든, 그 외의 어떤 세포가 어떤
기능을 수행하든, 하나의 강력한 미네랄밸런스 파동으로 세포
의 모든 기능은 완벽히 발휘된다.

미네랄밸런스 파동의 통합력은, 수많은 원소를 결합하여 세
포를 창조하는 힘이자, 수많은 세포를 결속하여 하나의 몸을
형성하는 힘이고, 근육 · 신경 · 팔 · 다리 등 몸의 모든 부분을
일체화하는 힘이며, 별과 행성들이 궤도를 지키며 돌게 하는
힘이기도 하다. 왜냐하면, 모든 별과 행성도 원소들로 이루어
지기 때문이다. 그러므로 7.83Hz 미네랄밸런스 파동은 하나의
법칙이 원소 차원에 적용되는 '신들의 주파수'이자 '신들의 지

식'으로서, 신들은 미네랄밸런스 파동으로 은하계 · 태양계 · 행성 · 육체 · 세포를 창조하고 유지한다.

미네랄밸런스 파동으로 진동할수록 원소 차원은 하나로 통합되고, 그에 따라 물질 차원도 반듯한 소용돌이 형태로 통합되며 창조된다. 이렇게 창조는 가장 높은 차원에서 이루어져 낮은 차원으로 전개된다. 높은 차원이 통합되면, 낮은 차원은 저절로 통합되며 창조되는 방식이다. 따라서 물질 차원에서 소용돌이 원리가 작동하여 하나로 통합되려면, 먼저 그 상위차원인 원소 차원과 전 · 자기 차원이 미네랄밸런스 파동에 의해 소용돌이치며 하나로 통합되어야만 한다.

두 개의 생명체가 하나로 통합되어 새로운 생명체를 창조하려면, 반드시 미네랄밸런스 파동의 통합력이 존재해야만 한다. 따라서 정자와 난자가 합쳐져 하나의 세포를 창조하려면, 미네랄밸런스 파동으로 함께 진동해야만 한다. 실제로 불임부부의 난자와 정자의 인공수정이 이루어지지 않는 경우, 미네랄밸런스 파동의 영향이 미치는 범위 내에서 인공수정을 시도하면 성공하게 된다. 마찬가지로 장기이식 수술의 경우에도 미네랄밸런스 파동의 범위 내에서 시행하면 쉽게 성공할 것이다. 또한, 일반적인 수술을 받고 회복하는 환자가 미네랄밸런스 파동의 범위 내에서 존재하면 수술 상처는 빠르게 회복된다.

미네랄밸런스 파동의 통합력은, 모든 해로운 세균 등이 발산하는 분열하는 파동을 제거한다. 통합하는 힘인 미네랄밸런스 파동은 (+)극이고, 분열하는 힘인 해로운 세균 등이 발산하는 파동은 (−)극이기 때문이다. 강력한 미네랄밸런스 (+)극 파동은, 세균 등의 미약한 (−)극 파동을 압도하는 것을 넘어, 파동의 진원지인 세균 등의 분자구조를 전기적으로 파괴하여 원소 차원으로 분해한다. 또한, 미네랄밸런스 파동은 강력한 알칼리성 파동이고, 세균 등의 파동은 미약한 산성 파동이다. 그러므로 강력한 알칼리성 파동에 의해 미약한 산성 파동은 화학적으로 붕괴하게 된다.

미네랄밸런스 파동의 통합력은, 비자연적 분자구조인 화학물질 · 마약 · 알콜 성분에서 발산하는 파동을 제거한다. 화학물질 · 마약 · 알콜 등의 비자연적 분자구조에서 발산하는 파동은, 자연적인 미네랄밸런스 파동과는 조화를 이룰 수 없기 때문이다. 따라서 강력한 미네랄밸런스 파동은 미약한 화학물질 · 마약 · 알콜 분자구조의 파동을 붕괴시켜 원소 차원으로 분해하므로, 화학물질 · 마약 · 알콜에서 발산하는 독성은 저절로 사라지게 된다. 또한, 미네랄밸런스 파동은 강력한 알칼리성 파동이고, 화학물질의 파동은 산성 파동이다. 그러므로 강력한 알칼리성 파동에 화학물질의 산성 파동은 화학적으로도 붕괴하게 된다.

몸을 구성하는 모든 세포의 생명력이 강해지려면, 혈액의 미네랄밸런스가 이루어져야 한다. 모든 세포는 필요한 미네랄원소 · 산소 · 영양성분을 혈액에서 받아들이고, 불필요한 이산화탄소 · 배설물은 혈액을 통해 외부로 배출하기 때문이다. 따라서 혈액의 미네랄밸런스가 이루어지면 모든 세포의 미네랄밸런스도 이루어지고, 혈액의 미네랄밸런스가 무너지면 모든 세포의 미네랄밸런스도 무너진다.

혈액의 미네랄밸런스를 이해하려면, 원시 바다에서 세포가 탄생하고 진화한 과정을 이해해야 한다. 왜냐하면, 혈액의 기원은 원시 바닷물이기 때문이다.[혈액은 체액(혈액 · 림프액 · 뇌척수

액 · 침 등)의 일종이고, 대부분 체액은 혈액이다. 이곳에서는 설명의 편의

상 체액을 혈액이라고 기술하고, 특별히 혈액 외의 체액을 언급하는 경우

구체적인 체액의 명칭을 사용하기로 한다.]

A | B1 | B2 | B3 | B5 | B6 | B9 | B12 | C | D | E | K | Ca | Cl | Cu | Fe | I | K | Mg | Mn | Na | P | Se | Zn

세포의 탄생과 진화

생명의 어머니인 지구는 원시 바다를 창조했다. 원시 바다는 미네랄밸런스를 이루고 있었다. 원시 바다는 수십억 년에 걸쳐 지구에 존재하는 모든 종류의 미네랄 원소들이, 지구를 구성하는 비율로 원시 바닷물에 녹아 들어가 만들어졌기 때문이다. 그러므로 미네랄밸런스를 이루는 미네랄 원소들의 비율은, 지구를 구성하는 미네랄 원소들의 비율이자, 원시 바닷물을 구성하는 미네랄 원소들의 비율이다.

원시 바다는 생명력의 바다다. 왜냐하면, 미네랄밸런스가 이루어진 원시 바다에는 수많은 미네랄 원소들이 발산하는 생명력 파동이, 서로 보강간섭을 일으키며 미네랄밸런스 파동으로 진동하기 때문이다. 원시 바다는 지구의 양수(羊水)다. 신들은 원시 바다에 존재하는 수많은 미네랄 원소를, 지구 자기장의 미네랄밸런스 파동으로 결합하여, 소용돌이 형태의 DNA 분자를 창조했고, DNA 분자를 매개로 소용돌이 형태의 다양한 유기적 생명체들을 창조했다. 그 생명체들이 '세포'와 '유익한 미생물'이라는 단세포 생명체들이다. 그러므로 생명체는 우연히 창조되지 않는다. 이 세상에 우연히 일어나는 일은 없기 때문이다. 과학자들은 최초의 단세포 생명은 어떤 창발 작용으로 시작되었을 것으로 추측한다. 그렇다, 최초의 단세포 생명체는 신들의 창발 작용으로 지구의 양수에서 창조되었다.

원시 바다에서 창조된 세포와 유익한 미생물(이하 '세포와 유익한 미생물'은 '세포 등'이라 한다)은 원시 바닷물에 녹아 있는 산소를 호흡하고, 영양물질을 받아들이는 구조를 지니게 되었다. 또한, 원시 바다를 구성하는 모든 미네랄 원소를 그 비율에 따라 받아들이고, 그것들이 조화롭게 하나로 작동하는 형태와 구조로 진화하게 되었다. 원시 바다의 모든 생명체는 미네랄밸런스를 수용하고, 미네랄밸런스로 작동하는 시스템을 지니게 된 것이다.

원시 바다에서 태어난 세포 등은 언제나 강력한 생명력을 발산했다. 왜냐하면, 세포 등은 언제나 미네랄밸런스를 유지하는 원시 바닷물 속에서 존재했으므로, 미네랄밸런스를 유지하고 미네랄밸런스 파동으로 진동했기 때문이다. 미네랄밸런스 파동으로 진동하는 원시 바닷물은 언제나 맑고 깨끗했으므로, 그곳에는 세포 등을 부패시키는 세균 등은 존재할 수 없었다. 이는 지금까지 깊은 바닷물이 세균 등으로 인해 부패하지 않는 것을 보아도 알 수 있다. 따라서 세포 등은 기나긴 시간 동안 원시 바다에서, 산소 · 미네랄 원소 · 영양물질을 섭취하고, 수없이 분열을 거듭하여 수많은 2세를 남기며 진화할 수 있었다.

분열에 분열을 거듭한 세포 등은 원시 바다를 가득 채웠다. 필연적으로 세포 등은 유기성 영양물질을 얻기 위해 약육강식의 원리에 따라 경쟁하게 되었고, 경쟁에서 이기기 위해 서로 역할을 분담하여 하나의 몸으로 결합하는 방식으로 진화했다. 어떤 세포들은 눈, 다른 세포들은 소화기관, 또 다른 세포들은 아가미로 서로 역할을 분담하는 방식으로 더 크고 효율적인 생명체인 하나의 몸으로 진화한 것이다. 이렇게 세포들이 하나의 몸으로 결합하며 진화할 수 있었던 것도, 신들의 창발 작용이 미네랄밸런스 파동의 통합력을 통해 이루어졌음은 물론이다.

세포들이 하나의 몸으로 진화해도, 모든 세포는 언제나 원시 바닷물에서만 존재할 수 있다. 왜냐하면, 모든 세포는 미네랄밸런스 파동으로 진동하는 원시 바닷물에서만 생명을 유지할 수 있기 때문이다. 그래서 하나의 몸을 구성하는 세포들 사이에 원시 바닷물이 흐르게 되었는데, 그것이 혈액이다. 원시 바닷물이 변화하여 만들어진 혈액은, 미네랄밸런스를 이루고, 미네랄밸런스 파동으로 진동하므로, 세균이나 바이러스는 혈액에 존재할 수 없다. 따라서 하나의 몸을 이루는 모든 세포는, 미네랄밸런스가 이루어진 혈액을 통해 산소 · 미네랄 원소 · 영양물질을 공급받아 생명을 유지하게 되었고, 그에 따라 하나의 몸을 구성하는 세포들이 미네랄밸런스를 유지하는 데에는 어떤 어려움도 없었다.

그렇게 세포는 미네랄밸런스를 이룬 원시 바다와 혈액에서, 강력한 생명력을 유지하며 수십억 년 동안 수많은 생명체로 진화하고 번성했다. 만일 미네랄밸런스가 이루어진 원시 바다나 혈액에 세포를 부패시키는 어떤 것, 예를 들어 단 한 종류의 해로운 세균이나 바이러스가 존재할 수 있었다면, 모든 세포는 진화과정에서 사라졌을 것이고, 생명의 물줄기는 다른 방향으로 이어졌을 것이다.

　그 후 세포는 어류, 양서류, 파충류, 조류, 포유류 등의 수많은 종류로 창조되고 진화하여 원시 바다를 벗어나 육지로 진출했다. 마침내 생명의 어머니인 지구는 수십억 년에 걸쳐 원시 바다라는 지구의 양수에서 창조하고 진화시킨 생명체를 공기 중으로 출산한 것이다. 지구와 마찬가지로 모든 어머니는 원시 바다와 똑같은 양수에서 하나의 세포를 창조하고 진화시켜 공기 중으로 출산한다. 정자와 난자의 결합으로 탄생한 하나의 세포는, 어머니의 양수라는 미네랄밸런스가 이루어진 작은 바다에서, 단세포에서 인간에 이르기까지 수십억 년에 걸친 생명의 진화과정을 아홉 달 동안 압축하여 거친 후, 하나의 몸으로 진화하여 공기 중으로 나온다.

　육지는 공기로 가득하고, 무거운 미네랄 원소는 공기 중에 존재할 수 없다. 그러므로 육지로 진출한 하나의 몸은 미네랄 원소를 물과 먹이를 통해서만 얻을 수 있다. 따라서 하나의 몸은 혈액과 세포의 미네랄밸런스를 유지하기 어렵게 되었다. 이제 세포는, 하나의 몸이 미네랄 원소를 풍부하게 함유한 물과 먹이를 충분히 섭취하면 미네랄밸런스를 유지할 수 있지만, 그렇지 않으면 미네랄밸런스는 무너진다.

대륙의 융기 작용으로 바닷물 바깥으로 드러난 육지는, 처음에는 각종 미네랄 원소를 풍부하게 함유한다. 하지만 시간이 지날수록 미네랄 원소는 빗물에 녹아 바다로 돌아가므로 육지의 미네랄 원소 함유도는 떨어진다. 또한, 지구 산성화는 그런 과정을 더 빠르게 한다. 그러므로 육지로 진출한 하나의 몸은 물과 먹이를 통해 다양하고 충분한 양의 미네랄 원소를 섭취하기 어려워졌고, 그에 따라 혈액의 미네랄밸런스는 무너지게 되었다. 더욱이 모든 생명 활동은 미네랄 원소를 소비하고 산성 물질을 생성하므로, 혈액의 미네랄밸런스는 더욱더 빠르게 무너지며 산성화된다. 산성화된 혈액은 걸쭉하여 미세한 혈관에서 흐르기 어렵고, 산소와 영양성분을 충분히 함유할 수 없다.

혈액의 미네랄밸런스가 무너져 산성화됨에 따라, 세포의 미네랄밸런스도 무너졌고 생명력은 약해졌다. 산성화된 혈액에서 생명력이 약해진 세포는 혈액의 산성화가 더욱더 심해지자, 일부 세포는 살아남기 위해 암세포로 변했다. 또한, 유익한 미생물 중의 일부도 산성화된 환경에서 살아남기 위해 세균과 바이러스로 변했다. 암세포는 주변의 정상 세포를 암세포로 변이시키고, 세균과 바이러스는 주변의 유기체를 산성화시켜 잡아먹는다. 이제 육지에는 미네랄밸런스가 이루어진 약알칼리성의 원시 바닷물에서 태어나고 진화한 세포 등과, 미네랄밸런스가 무너진 산성화된 환경에서 태어나고 진화한 수많은 유형의 해로운 세균 등이 공존하며 순환하게 되었다.

세포 등은 미네랄밸런스가 이루어진 원시 바다에서 태어나 그곳에서 살아가므로, 그곳에 존재하는 모든 종류의 미네랄 원소가 조화를 이루는 방식으로 진화한다. 따라서 세포 등은 시간이 지날수록 더욱더 크고 고도로 일체화된 생명체로 진화했다. 그에 반해 해로운 세균 등은 미네랄밸런스가 무너진 산성화된 환경에서 태어나 그곳에서 살아가므로, 그곳에 존재하는 일부 미네랄 원소들이 조화를 이루는 방식으로 진화한다. 따라서 최대한 진화해도 조그마한 해충이나 기생충 이상의 생명체로 진화할 수 없었다.

산성화된 환경의 유형에 따라 그곳에서 탄생하고 진화한 세균 등의 종류는 다르다. 왜냐하면, 특정한 유형의 산성화된 환경에서 태어난 세균 등은, 그러한 환경을 조성하는 특정한 원소들로만 이루어지고, 그런 원소들이 유기적으로 작동하는 구조와 형태를 지니기 때문이다.

산성화는 미네랄밸런스가 무너지며 발생하는 현상이다. 그런데 미네랄밸런스가 무너진 유형은 수없이 다양하다. 자연적인 미네랄 원소의 종류는 100여 종류이고, 그중 단 한 종류 또는 몇 가지 종류, 혹은 수십 종의 미네랄 원소가 부족하거나 과다해도 미네랄밸런스는 무너지기 때문이다. 따라서 미네랄밸런스가 무너져 산성화된 유형은 수없이 다양하므로, 그 유형을 pH 수치로 분류하는 것은 불가능하다. 이렇게 미네랄밸런스가 무너져 산성화된 유형이 수없이 다양하므로, 그곳에서 살아가는 세균 등의 종류는 더욱더 수없이 다양하다. 그리고 모든 세균 등은 끊임없이 분화하며 변화하므로 더더욱 많은 종류의 세균 등이 탄생하게 되었다.

모든 생명체는 자신이 처음 태어난 환경과 똑같은 환경에서는 생명력이 강해져 활발하게 활동하며 번식하지만, 다른 환경

에서는 생명력이 약해져 힘을 쓰지 못하다가 사멸한다. 세포 등
은 미네랄밸런스가 이루어진 약알칼리성의 원시 바닷물과 혈액
속에서 태어나고 진화한 생명체다. 그러므로 세포 등은 미네랄
밸런스가 이루어진 약알칼리성의 원시 바닷물과 혈액 속에서는
생명력이 강해져 활발하게 활동하고 번성하지만, 모든 유형의
산성화된 환경에서는 생명력이 약해져 힘을 쓰지 못하다가 사
멸한다. 따라서 세포로 이루어진 모든 생명체를 제거하려면 지
구를 산성화시키면 된다. 특히 바닷물이 지금보다 조금만 더 온
도가 높아지고 산성화되어 깊은 바닷물에까지 녹조·적조 등이
발생하며 오염되면, 모든 생명체는 한순간에 멸종한다.

그에 반해 해로운 세균 등은 다양한 산성화된 환경 중 한 가
지 유형에서 태어나고 진화한 생명체들이다. 그러므로 그들이
태어나고 진화한 산성화된 환경과 유사한 환경에서는 생명력
이 강해져 활발하게 활동하고 번식하지만, 다른 유형의 산성화
된 환경 또는 미네랄밸런스가 이루어진 약알칼리성의 환경에
서는 생명력이 약해져 사멸한다. 따라서 지구촌에 존재하는 모
든 세균 등을 완전히 제거하려면, 지구촌 전체를 미네랄밸런스
가 이루어진 곳으로 만들면 된다.

혈액의 미네랄밸런스

몸은 혈액이라는 바닷물이 순환하는 작은 바다다. 그러므로 몸을 구성하는 세포 등은 물론, 몸 안에 존재하는 모든 세균 등도 혈액이라는 작은 바다에서 살아간다. 따라서 몸 안에 존재하는 모든 세포 등과 세균 등의 생명력의 강·약은 혈액의 상태에 따라 달라진다.

원시 바닷물처럼 미네랄밸런스가 이루어져 미네랄밸런스 파동으로 진동하는 약알칼리성의 혈액에선, 모든 세포 등은 생명력이 강해지며 번성하지만, 모든 세균 등은 사멸한다. 그러나 미네랄밸런스가 무너져 산성화된 혈액에선, 그에 맞는 세균 등은 생명력이 강해지며 번성하지만, 그에 맞지 않는 세균 등과 모든 세포 등은 생명력이 약해지며 사멸한다. 따라서 몸 안에 존재하는 '특정한 세균 등'을 제거하는 두 가지 방법이 존재한다.

첫 번째는 혈액이라는 작은 바다를, 특정한 세균 등이 살 수 없는 산성화된 환경으로 변화시킴으로써, 특정한 세균 등만 제거하는 방법이다. 서구의학은 석유화학 물질로 제조한 항생제 · 항바이러스제 · 항암제 등의 산성 약물을 투입하여, 혈액을 특정한 세균 등이 살 수 없는 유형으로 산성화시켜, 특정한 세균 등만 제거하는 방법을 사용한다. 산성 약물을 혈액에 투입할수록, 혈액은 산성화하고, 따라서 그에 적합하지 않은 특정한 세균 등은 일시적으로는 사라진다. 하지만, 시간이 지남에 따라 특정한 세균 등은 변종으로 진화하여 산성 약물로부터 자신을 보호하고, 그런 과정이 여러 차례 반복되면 모든 산성 약물을 이겨내는 슈퍼 세균과 슈퍼 바이러스로 진화한다. 또한, 산성화된 혈액에 적합한 유형의 세균 등은 처음부터 생명력이 강해지며 번성한다. 그리고 모든 세포 등은 생명력이 약해지며 사멸한다. 따라서 이 방법은 특정한 질병의 증상을 일시적으로 나타나지 않게 할 수는 있으나, 그 어떤 질병도 근원적으로 치료할 수 없다. 또한, 시간이 지날수록, 세포 등은 사멸하고, 다양한 세균 등은 번성하므로 수많은 고질적인 질병들이 창궐하게 된다. 그리고 새로운 유형의 질병과 그에 대한 진단 방법 그리고 새로운 산성 약물이 수없이 출현하므로, 전문

가조차 특정 질병에 대한 진단과 처방은 물론이고 질병의 이름 조차 알 수 없게 되므로, 수많은 불치병과 난치병이 나타나게 된다.

두 번째는 혈액이라는 작은 바다의 미네랄밸런스를 이루는 단 한 가지 방법으로, 몸 안에 존재하는 모든 해로운 세균 등을 한꺼번에 제거하는 방법이다. 미래 의학은 혈액의 미네랄밸런스를 이루어지게 함으로써, 모든 세균 등을 한꺼번에 제거하는 방법을 사용하게 된다. 혈액의 미네랄밸런스가 이루어지면, 세포 등은 미네랄밸런스 파동으로 강하게 진동하며 번성하지만, 모든 종류의 해로운 세균 등은 사멸하는 단순한 원리를 이용하는 것이다. 그러므로 이 방법을 사용하면 질병의 종류에 따라 진단 방법을 달리하고 다른 약을 쓸 이유가 없다. 그냥 몸이 불편하다는 질병의 신호가 있으면, 미네랄밸런스를 이룬 물과 자연식품을 섭취하여, 혈액의 미네랄밸런스를 이루어지게 함으로써 모든 질병의 뿌리를 한꺼번에 제거한다. 따라서 이 방법을 사용하면, 시간이 지날수록 세균 등은 사멸하고, 누구라도 쉽고 단순하게 자신의 질병을 치료하므로, 결국 이 세상의 모든 질병은 사라지게 된다.

맑고 밝은 미네랄밸런스 혈액과 생명력이 강해진 세포들

혈액의 미네랄밸런스가 이루어지면, 혈액에는 〈그림 12〉처럼 세포핵을 구성하는 생명력이 강한 수많은 미네랄 원소(노란색)와 세포질을 구성하는 수많은 일반적인 미네랄 원소(하늘색)가 원시 바닷물처럼 조화를 이루며 존재하게 된다. 이렇게 조화를 이루는 미네랄 원소들은 미네랄밸런스 파동으로 진동하므로, 혈액은 강한 생명력으로 맑고 밝은 빛을 발산하게 된다(맑은 혈액). 따라서 혈액으로부터 미네랄 원소를 받아들이는 모든 세포 등은, 저절로 미네랄밸런스를 이루고 미네랄밸런스 파동으로 진동하며 소용돌이 형태로 존재하고 소용돌이 원리로 작동하므로, 엔트로피는 낮아지고 생명력은 최대치로 강해진다. 하지만 해로운 세균 등은 강력한 미네랄밸런스 파동에 의해 사멸한다. 또한, 미네랄밸런스가 이루어진 혈액은, 약알칼리성으로 맑고 깨끗해 잘 순환하므로, 엔트로피는 낮아지고 생명력은 강해진다. 따라서 혈전(어혈)이 생성되지 않고, 혈전으로 막힌 혈관도 뚫린다.

그림 13 미네랄밸런스가 무너져 어둡고 탁한 혈액과 생명력이 약해진 세포들과 혈관을 막고 있는 혈전

그에 반해 혈액에 미네랄 원소들이 거의 존재하지 않거나, 존재해도 특정 미네랄 원소는 과다하게 존재하고 다른 미네랄 원소들은 거의 존재하지 않아 혈액의 미네랄밸런스가 무너지면, 〈그림 13〉처럼 혈액에 존재하는 미네랄 원소들의 생명력 파동은 서로 상쇄간섭을 일으키므로 혈액은 빛을 잃어 어둡고 탁한 색을 띠게 되고, 산성화한다(탁한 혈액). 미네랄밸런스가 무너진 혈액에서, 세포는 찌그러지므로 소용돌이 원리는 비효율적으로 작동하고, 엔트로피는 높아지며, 생명력은 약해진다. 그에 반해 세균 등은 번성한다. 또한, 산성화된 혈액은 걸쭉하여 많은 혈전이 만들어져 혈관을 막으므로 정상적으로 흐를 수 없다.

지구는 산성화되고 있다. 대기는 이산화탄소를 비롯한 온실가스가 증가하며 산성화되고, 대지는 하늘에서 내리는 산성비·비료·농약 등의 온갖 화학물질로 산성화되며, 그에 따라 바다도 산성화되고 있다. 산성비는 육지의 미네랄 원소를 녹여 바다로 끌고 가므로, 대지는 더욱더 산성화된다. 대지가 산성화됨에 따라 식물과 동물은 미네랄 원소를 충분히 섭취할 수 없게 되었고, 그런 식물과 동물을 먹고 사는 인간도 미네랄 원소를 충분히 섭취하지 못하게 되었다. 따라서 인간의 혈액은 시간이 지날수록 미네랄밸런스가 무너지며 산성화되고 있다.

산성 혈액은 미네랄 원소·산소·영양물질은 부족하고, 활성산소와 화학물질은 많이 존재하며, 세균과 바이러스가 번식하기 좋은 환경이다. 따라서 산성 혈액을 공급받은 세포는 생명력이 약해지며 찌그러지고, 세균 등의 생명력은 강해진다. 생명력이 약해진 세포는, 생명력이 강해진 세균 등과 화학물질·활성산소의 공격을 이겨내지 못한다. 또한, 산성 혈액은 혈전을 만들어 혈관을 막는다.

혈전은 미세한 모세혈관부터 굵은 대동맥까지 막는다. 특히 신장과 간의 혈관이 막히면, 많은 수의 신장 세포와 간세포가 기능을 상실하므로, 요산과 독소를 제거하지 못하게 된다. 강력한 산성 물질인 요산과 독소를 제거하지 못하면, 혈액은 더욱더 산성화되고, 더 많은 혈전이 만들어지므로 더 많은 장기와 조직의 혈관이 광범위하게 막힌다. 혈관이 막힌 부분의 세포는 산소와 미네랄 원소를 거의 공급받지 못하므로 생명력이 더욱더 약해져 찌그러지다가 죽게 되고, 장기와 조직의 기능은 떨어지므로 시간이 지날수록 질병은 깊어지게 된다.

조그마한 여드름부터 각종 암에 이르기까지, 외상 이외의 크고 작은 모든 질병은 혈액의 미네랄밸런스가 무너져 산성화되며 시작된다. 혈전이 혈관을 막는 것도, 막힌 혈관이 터지는 것도, 심장이 높은 압력으로 박동하는 것도, 혈액에서 해로운 세균 등이 번식하는 것도 혈액의 미네랄밸런스가 무너지며 시작된다. 또한, 세포가 세균 등의 공격을 이겨내지 못하는 것도, 면역세포가 세균 등을 제거하지 못하는 것도, 정상 세포가 암세포로 변하는 것도, 암세포가 혈액을 따라 전이되는 것도 혈액의 미네랄밸런스가 무너져 산성화된 것이 그 원인이다. 그리고 각종 장기와 감각기관의 기능이 떨어지는 것도, 코로 호흡하지 못하는 것도, 항문에 치질이 생기는 것도, 피부에 아토피를 비롯한 각종 피부병이 발생하는 것도, 활성산소·마약 등의 화학물질에서 발생한 독소가 세포를 공격하는 것도 혈액의 미네랄밸런스가 무너진 것이 근본 원인이다. 그 외의 모든 질병의 모든 증상은 혈액의 미네랄밸런스가 무너져 산성화되며 시작된다.

혈액의 미네랄밸런스가 무너져 산성화하며 몸의 특정 기능이 떨어지는 증상을 서구의학은 기저질환이라고 한다. 간·신장·심장·소장·대장·뇌·혈관·신경·근육 등에 수많은 기저질환이 존재하고, 기저질환으로 나타나는 증상은 수없이 다양하다. 하지만 그 모든 기저질환은 혈액의 미네랄밸런스가 무너지며 산성화하여, 몸의 특정 기능이 저하된 증상에 불과하다. 또한, 서구의학에 존재하는 수많은 불치병·난치병도 혈액의 미네랄밸런스가 무너져 산성화되면서 몸의 특정 부위의 기능이 떨어지며 나타나는 증상에 불과하다.

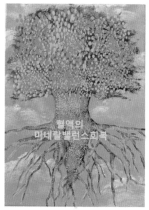

그림 14 질병 나무   그림 15 건강 나무

혈액이 산성화될수록 위중한 질병이 발생한다. 부위에 따라 차이가 있지만, 정상 혈액의 pH는 7.4이다. 그러나 혈액의 pH가 6.9 이하로 내려가면 몸이 불편하기 시작하고, 6.0 이하로 내려가면 각종 질병으로 환자 수준에 이르게 된다. 또한, 5.5 이하가 되면 각종 암이 발생하기 시작하고, 4.0 이하가 되면 죽는다. 그러므로 혈액은 질병과 건강의 뿌리다. 〈그림 14〉처럼 혈액의 미네랄밸런스가 무너져 산성화하면, 질병이 뿌리내리며 다양한 종류의 수많은 질병의 열매가 열린다. 하지만 〈그림 15〉처럼 혈액이 미네랄밸런스가 이루어지면, 건강이 뿌리내리며 밝게 빛나는 건강이라는 한 가지 열매만 열리게 된다.

무너진 혈액의 미네랄밸런스를 회복하면, 모든 질병은 뿌리가 제거되므로 저절로 사라지게 된다. 무너진 혈액의 미네랄밸런스는, 각종 미네랄 원소들이 미네랄밸런스를 이룬 물과 식품을 섭취하면 빠르게 회복된다. 만일 환자의 상태가 물과 식품을 섭취할 수 없거나, 섭취해도 소화 기능이 떨어져 혈액으로 흡수할 수 없는 경우, 미네랄밸런스를 이룬 용액을 링거액으로 직접 혈관에 투여하면 효과적으로 질병은 치유된다.

　미네랄밸런스를 이룬 물과 식품 이외에 무너진 혈액의 미네랄밸런스를 회복하는 방법은 존재하지 않는다. 모든 생명체는 미네랄 원소를 스스로 만들어낼 수 없고, 바닷물이나 자연식품에 녹아 있는 천연미네랄 원소들을 물과 식품을 통해 섭취함으로써 혈액의 미네랄밸런스를 이루는 방식으로 진화했기 때문이다. 그럼 미네랄밸런스를 이루는 물과 식품은 어떤 것들이 있을까?

21C 미네랄워터

바닷물에는 지구를 구성하는 비율로 모든 종류의 미네랄 원소들이 녹아 있다. 하지만 지금의 바닷물은 화학물질 분자 · 유기물 분자 · 과다한 중금속 원소 · 미세 플라스틱 등으로 오염되어 엔트로피가 높은 상태이므로 그대로 사용할 수 없다. 바닷물의 엔트로피가 낮아지려면, 바닷물이 소용돌이 원리로 순환해야 한다. 바닷물이 소용돌이 원리로 순환하면, 바닷물에 혼합된 불순물은 물과 그 밖의 물질들로 분리되어 정렬되므로 엔트로피가 낮아지며 정화된다.

바닷물 순환을 이용하는 두 가지 방법이 존재한다. 하나는 인위적으로 바닷물을 순환시켜 그 순환을 이용하는 방법이고, 다른 하나는 자연적인 바닷물 순환을 이용하는 방법이다. 인위적으로 바닷물을 순환시키는 방법에는, '인위적인 증류 방식'과 '인위적인 역삼투압방식'이 존재한다. 인위적인 증류 방식과 인위적인 역삼투압방식은 많은 에너지와 값비싼 기계설비를 사용하여 억지로 바닷물을 순환시켜 정화하므로, 과다한 비용이 소요되고 지구 환경을 오염시켜 엔트로피를 높이는 단점이 있다.

자연적인 바닷물 순환을 이용하는 방법에도 '자연적인 증류 방식'과 '자연적인 역삼투압방식'이 존재한다. 자연적인 증류 방식은 바닷물이 태양열에 의해 수증기로 증발하여 비가 되어 내리는 담수를 이용하는 것이다. 자연적인 역삼투압방식은 자연적으로 발생하는 높은 수압에 의해 바닷물이 깊은 지하의 암반층에 자연적으로 형성된 미세한 파쇄대를 삼투압과 반대 방향으로 통과하며 정화된 담수를 이용하는 것이다. 자연적인 바닷물 순환은 소용돌이 원리에 의해 저절로 순환하며 정화되므로 비용이 거의 들지 않고, 지구 환경을 깨끗하게 하면서도 지구의 엔트로피를 낮추는 장점이 있다. 21C 미네랄워터는 자연적인 역삼투압방식으로 정화된 바닷물을 의미한다.

삼투현상은, 담수와 바닷물이 물 분자는 통과하지만, 미네랄 원소들은 통과할 수 없는 반투막을 사이에 두고 존재할 때,

미네랄 농도가 묽은 담수를 구성하는 물 분자들이 농도가 진한 바닷물 쪽으로 반투막을 통과하여 이동함으로써 양쪽의 농도가 균일하게 되는 현상이다. 이때 발생하는 압력의 크기를 삼투압이라 하고, 삼투압과 반대 방향으로 가해지는 압력을 역삼투압이라고 한다.

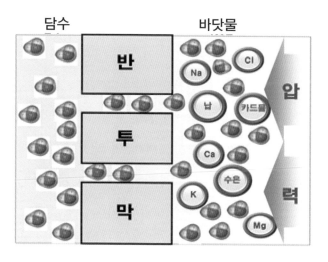

담수　　　　　　　바닷물

반

투

막

그림 16 인위적인 역삼투압방식

바닷물의 삼투압은 30기압이다. 따라서 〈그림 16〉처럼 바닷물에 30기압보다 높은 역삼투압을 인위적으로 가하면, 바닷물을 구성하는 물 분자들은 역삼투압에 의해 반투막을 통과하여 담수 쪽으로 이동하지만, 미네랄 원소들을 비롯한 화학물질 분자·유기물 분자·과다한 중금속 원소 등은 반투막을 통과하지 못하므로 바닷물은 순수한 물로 정화되는데, 이를 '인위적인 역삼투압방식'이라고 한다. 인위적인 역삼투압방식의 핵심은 '미세한 구멍이 뚫린 반투막'과 '30기압 이상의 높은 압력'이다. 따라서 '미세한 구멍이 뚫린 반투막'과 '30기압 이상의 높은 압력'이라는 조건만 갖추어지면, 자연에서도 바닷물은 역삼투압방식으로 정화된다.

바닷물에는 수심 10m당 1기압의 수압이 가해지므로 수심 300m의 해저는 30기압, 수심 1,000m의 해저는 100기압에 달하는 높은 수압이 저절로 가해진다. 따라서 수심 300m보다 깊은 해저에는 30기압보다 높은 수압이 가해진다. 또한, 바닷가 깊은 지하의 단단한 화강암으로 구성된 암반층에는, 자연적으로 형성된 미세한 틈으로 이루어진 파쇄대가 무수히 존재한다. 파쇄대의 미세한 틈은 반투막의 미세한 구멍처럼 매우 작아 물 분자만 통과할 수 있는 것부터, 미네랄 원소까지 통과하고 유기물 분자와 화학물질 분자는 걸러지는 상당히 큰 것까지, 다양한 크기의 미세한 틈이 광범위하게 존재한다.

그러므로 육지의 바닷가 지하에는, 파쇄대를 경계로 삼투압 또는 역삼투압 현상이 발생하고 있다. 수심 300m 이내에서는 삼투압이 더 강하므로 삼투압에 의해 육지의 담수가 바다로 유출되고, 수심 300m를 넘어서면 역삼투압이 더 강하므로 역삼투압에 의해 바닷물이 육지 방향으로 밀려든다. 역삼투압에 의해 파쇄대의 미세한 틈을 통과하며 밀려드는 바닷물은, 〈그림 17〉처럼 물 분자와 적당한 비율의 미네랄 원소들만 통과하며 정화된다. 이렇게 바닷물이 자연적인 역삼투압방식으로 정화된 물을, '21C 미네랄워터'라고 부르기로 한다. 21C 미네랄워터는, 바닷물이 자연적인 역삼투압방식으로 저절로 정화되므로 매우 경제적이고 효율적이다.

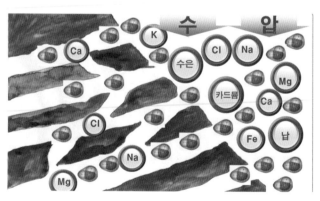

그림 17 자연적인 역삼투압방식으로 정화되는 바닷물

이렇게 바닷가 깊은 지하의 파쇄대에는 역삼투압에 의해 파쇄대를 따라 육지 방향으로 밀려들며 정화된 21C 미네랄워터가 존재한다. 따라서 바닷가에 뚫은 굴착공이 깊은 지하의 파쇄대와 만나면, 파쇄대에 존재하던 21C 미네랄워터는 압력이 낮은 굴착공으로 밀려들며 순식간에 굴착공을 가득 채우게 되므로 수중 펌프를 이용하여 쉽게 21C 미네랄워터를 채취할 수 있다.

21C 미네랄워터를 채취하기 위한 굴착공은, 바닷가에서 온천수를 채취하는 굴착공과 같은 방식으로 뚫는다. 한반도 동해안 바닷가의 온천공들은 지하 500m까지는 케이싱과 그라우팅 공법으로 차가운 지하수가 굴착공으로 유입되는 것을 차단하고, 지하 500m부터는 지열에 의해 데워진 뜨거운 온천수가 굴착공으로 유입될 수 있도록 개방하여 파쇄대와 교차하는 지점까지 뚫는다. 반면 서해 바닷가에서는 400-500m만 굴착해도 뜨거운 온천수가 너무 많이 나와 더는 굴착할 수 없는 경우가 많다. 한반도의 바닷가에서 이런 방식으로 굴착공을 뚫으면 온천수를 얻을 수 있는데, 그렇게 얻은 온천수는 21C 미네랄워터이기도 하다. 왜냐하면, 단단한 화강암층으로 이루어진 한반도

의 바닷가의 지하 400m 이상의 파쇄대에는 자연적인 역삼투압 방식으로 정화된 21C 미네랄워터가 존재하는 경우가 대부분이기 때문이다. 따라서 한반도 바닷가의 온천수 중 pH 7.01 이상의 알칼리성 온천수는 21C 미네랄워터이다.

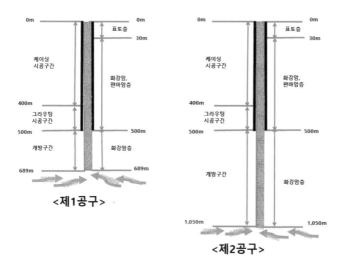

그림 18 울진 21C 미네랄워터 굴착공 단면도

울진 바닷가에는 처음부터 21C 미네랄워터를 개발하기 위해 〈그림 18〉처럼 지하 689m와 1,050m까지 뚫은 2개의 굴착공이 존재한다. 2개의 굴착공은 바다로부터 60m 떨어진 모래사장 위에 온천공과 같은 방식으로 나란히 굴착했다. 따라서 울진의 2개 굴착공에서 나오는 물은 21C 미네랄워터이므로 '울진 21C

미네랄워터'라고 이름을 붙였다. 현재 2개의 공구에서는 '울진 21C 미네랄워터'가 생산되고 있는데, '미네락(MINEROCK)'이라는 이름으로 판매되고 있다. 미네락은 미네랄밸런스를 이루고 있는 21C 미네랄워터이므로, 미네락을 마시면 무너진 혈액과 세포의 미네랄밸런스를 회복하는 데 도움이 된다.

강화도 옆의 석모도의 바닷가에 자리 잡은 혜명온천의 온천수도 21C 미네랄워터이다. 임자 선생님은 혜명온천의 온천수가 21C 미네랄워터라는 것을 발견하고 '반도심층수'라고 이름을 지었다. 임자 선생님 또한 혜명온천의 온천수가 미네랄밸런스를 이룬 물이고, 그 물을 마시면 세포와 혈액의 미네랄밸런스가 이루어지므로 각종 질병이 치료된다는 원리를 이해한 선각자다. 그러므로 반도심층수는 강화도에 존재하는 '강화 21C 미네랄워터'다. 강화 21C 미네랄워터는 미네랄 원소 농도가 높으므로 담수를 4배 이상 희석하여 마시면 인체의 생명력은 획기적으로 강해진다. 강화 21C 미네랄워터는 지금도 국내에서 수많은 환자를 치료하고 있을 뿐 아니라, FDA(U.S. Food and Drug Administration)의 승인을 받아 미국에도 수출된 바 있다.

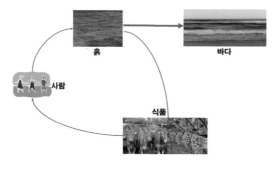

그림 19 미약한 미네랄 순환

    21C 미네랄워터는 미네랄 원소의 새로운 순환 통로다. 지금까지 육지의 미네랄 원소는 끝없이 빗물을 따라 바다로 흘러들어도, 일부 해산물이 식용으로 사용되는 것 외에 바다의 미네랄 원소가 육지로 순환하는 통로는 존재하지 않았다. 그로 인해, 〈그림 19〉처럼 육지의 미네랄 순환은 바다와의 연결이 끊어져 미약하기 그지없었다. 여기에 산성비로 육지의 미네랄 원소들은 더 빠르게 바다로 빠져나간다. 따라서 시간이 지날수록 육지의 흙과 동·식물은 미네랄 원소 부족으로 생명력이 약해져 다양한 질병에 시달리게 되었다. 그 한 가지 예로, 흙의 미네랄밸런스 상실이 식물과 꽃의 미네랄밸런스 상실로 이어지고, 다시 꽃의 꿀을 먹는 꿀벌들의 미네랄밸런스 상실로 이어지며, 미네랄밸런스가 무너져 생명력이 약해진 꿀벌들이 대규

모로 폐사하는 사건이 전 세계적으로 속출하고 있다. 과학자들은 그 원인을 지구온난화와 응애 · 진드기 등 기생충의 번식에서 찾고 있지만, 근본적인 원인은 미네랄밸런스 상실로 인해 꿀벌의 생명력이 약해졌기 때문이다. 꿀벌뿐만 아니라 미네랄밸런스 상실로 인해 생명력이 약해진 수많은 동 · 식물들은 다양한 질병에 시달리고 있다. 또한, 생명력이 약해진 자연에 익숙해진 사람들은, 생명력이 강한 자연의 맛과 향기와 색깔을 모르거나 잊은 상태로 살아가고 있다. 지금과 비교하여 40-50년 전의 사과와 참기름 향은 비교할 수 없을 정도로 진했고, 우유와 소고기 맛은 훨씬 더 고소했으며, 길가의 제비꽃과 나비날개는 눈이 부실 정도로 밝고 또렷했었다. 이는 예전에는 흙의 미네랄 원소 함유량이 많아 모든 생명체의 생명력이 강했기 때문이다.

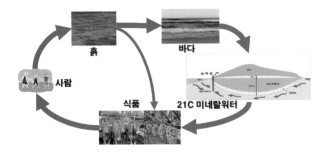

그림 20 21C 풍요로운 미네랄 순환

그러나 〈그림 20〉처럼 21C 미네랄워터에 의해 바다와 식품 사이에 새로운 미네랄 원소의 순환 통로가 개설되면, 21C 미네랄워터를 따라 육지로 돌아온 많은 양의 미네랄 원소는 육지의 각종 생명체를 구성하며 순환하게 된다. 따라서 육지의 흙과 동 · 식물의 몸체는 물론이고 대변과 소변, 식물의 낙엽에 이르기까지 모든 생명은 미네랄 원소를 풍부하게 함유한 상태로 순환하게 된다. 이렇게 끊어진 미네랄 원소들의 순환 통로가 개설되어 풍요로운 미네랄 원소의 순환이 이루어지면, 소용돌이 원리가 작동하게 되므로, 지구의 엔트로피는 낮아지고, 육지의 모든 생명의 생명력은 강해진다. 사람과 동물과 식물의 모든 질병이 사라지고, 모든 식품은 예전의 맛과 향기와 색을 되찾는 것이다. 이제 다시 꿀벌들은 왕성한 생명력으로 꿀을 모으며 번성하고, 참기름 한 방울과 사과 하나의 향기가 온 방 안에 가득하게 되며, 우유는 산양의 젖처럼 고소한 맛을 내고, 꽃과 나비는 본래의 황홀하고 찬란한 빛을 발하게 되며, 인간과 가축은 모든 질병을 극복하게 된다.

그러므로 21C 미네랄워터는 미네랄밸런스를 이루고, 미네랄밸런스 파동으로 진동하는 물이다. 21C 미네랄워터가 염분 농도가 높은 물이면 해수의 상태로, 낮은 물이면 담수의 상태로 미네랄밸런스를 이룬 물이다. 따라서 21C 미네랄워터를 이용하면, 모든 생명체는 미네랄밸런스를 이루게 되므로, 모든 질병을 극복하게 된다.

21C 미네랄워터는 효율적이고 경제적이다. 지금까지 인류를 비롯한 육지의 모든 생명체는 바닷물이 하늘로 증발하여 응결된 구름에서 내리는 빗물에 전적으로 의존하며 살아왔다. 바닷물이 하늘로 순환하는 자연적인 소용돌이 원리만 이용한 것이다. 하지만 인구가 폭증함으로써 더는 빗물에만 의존하여 전 인류가 생존하는 것은 불가능해졌다. 이제 무한한 바닷물이 단단한 암반층을 통과하며 순환하는 물순환을 이용할 때가 되었다. 바닷물이 소용돌이 원리에 의해 단단한 암반층을 자연적으로 순환하는 과정에서 저절로 정화된 21C 미네랄워터는 경제적이고 효율적이다. 굴착공을 뚫는 비용과 수중 펌프를 돌리는 약간의 에너지만 투입하면, 육지의 어떤 물보다도 뛰어난 21C 미네랄워터를 1공구당 적어도 하루에 2,000톤(t)에서 많게는 수만 톤(t)씩 무한히 생산하게 된다. 이는 인위적인 역삼투압방식 또는 증류 방식의 엄청난 에너지와 설비 비용은 물론이고, 그

로 인해 지구를 오염시켜 엔트로피가 증가하는 것과 비교하면, 수만분의 일에도 미치지 못할 정도로 경제적이고 친환경적이다.

무한한 바닷물이 순환하며 정화된 21C 미네랄워터는 그 양이 무한하다. 높은 수압에 밀린 바닷물은 파쇄대의 미세한 틈을 통해 육지 방향으로 끝없이 밀려들고, 이런 상태에서 굴착공과 파쇄대가 만나면, 압력이 낮은 굴착공으로 21C 미네랄워터가 끝없이 쏟아져 나오게 된다. 깊은 지하의 파쇄대에서 순환이 멈추어 있던 21C 미네랄워터에게 굴착공이라는 새로운 순환 통로가 열렸기 때문이다. 이는 해운대 바닷가의 온천들을 통해서도 알 수 있다. 해운대 바닷가에는 수십 공의 온천공을 통해 매일 수만 톤의 지하수(온천수)가 수십 년 동안 계속 나오고 있다. 육지에 아무리 큰 가뭄이 들어도 해운대 온천수가 고갈된 적은 없다. 그것은 해운대 온천수의 근원이 무한한 바닷물이기 때문이다. 그러므로 온천수와 같은 방식으로 끊임없이 나오는 21C 미네랄워터도 무한하므로 영원히 고갈되지 않는다.

구분	pH	염분 (m/l)	Na (m/l)	Mg (m/l)	Ca (m/l)	K (m/l)	Fe (m/l)
1공구 (지하 689m)	7.01	2,120	4,307	950	1,686	60	3.3
2공구 (지하 1,050m)	9.6	20	70.4	2.12	6.21	11.3	1.2

표1 울진 21C 미네랄워터 성분 분석표

21C 미네랄워터는 무한한 담수다. 물 1L에 3,000mg 이상의 염분을 함유하면 해수, 530mg 이하의 염분을 함유하면 담수다. 염분 농도는 마그네슘·나트륨·칼슘 등 각종 미네랄 원소의 농도에 비례한다. 21C 미네랄워터의 염분 농도는 얕은 지하의 파쇄대에 존재하는 지하수일수록 높고, 깊은 지하의 파쇄대에 존재하는 지하수일수록 낮다. 이는 파쇄대의 깊이만큼 지하수가 파쇄대를 통과하며 정화되는 구간도 길어지기 때문이다. 따라서 깊은 지하에 존재하는 파쇄대에서 생성된 21C 미네랄워터일수록 담수에 가까운 염분을 함유하게 되는데, 이는 울진 21C 미네랄워터를 보면 알 수 있다. 〈표 1〉과 같이 울진 1공구는 지하 689m의 파쇄대에서, 2공구는 1,050m의 파쇄대에서 21C 미네랄워터가 나온다. 물 1L의 염분농도가, 1공구

는 2,120mg이므로 해수와 담수의 중간영역에 속하고, 2공구
는 20mg이므로 완벽한 담수다. 1공구의 염분 농도는 바닷물의
2/3 정도로 2공구보다 100배 이상 높고, 나트륨·마그네슘·
칼슘 등 각종 미네랄 원소 함유량도 비슷한 비율로 높다. 1공
구와 2공구는 50m 거리를 두고 바다와 60m 떨어진 모래사장에
나란히 설치되었고, 지하 구간도 같은 암석으로 구성되어 있
다. 이렇게 1, 2공구는 모든 조건이 같고, 파쇄대의 깊이만 2공
구가 1공구보다 361m 더 깊은데, 2공구의 염분 농도는 1공구
의 1/100에 불과하다. 그 원인은 파쇄대의 깊이에 비례하여 지
하수가 파쇄대를 통과하는 구간도 길어졌고, 그만큼 역삼투압
으로 정화되는 구간도 길어졌기 때문이다. 그러므로 울진 2공
구와 같은 방식으로 21C 미네랄워터를 개발하면 무한한 담수
지하수를 얻을 수 있다. 이는 지구촌에 존재하는 물의 0.01%에
해당하는 하천·호수의 담수만을 이용하는 인류가, 97%에 달
하는 바닷물을 담수로 이용하게 된다는 것을 의미하므로, 인류
의 물 부족 문제를 근원적으로 해결하는 데 큰 도움이 될 것이
다.

바닷가 깊은 지하의 파쇄대에서 자연적인 역삼투압방식으로

정화된 21C 미네랄워터를 채취할 수 있다는 것을 물 관련 학자들은 이해하지 못한다. 그들은 바닷가의 굴착공에서 채취한 21C 미네랄워터를 육지에서 생성된 담수 지하수로 여기고, 육지의 담수 지하수와 같은 방식으로 사용하며 관리할 뿐, 21C 미네랄워터로 활용하지 못하고 있다. 그러나 21C 미네랄워터는 바닷물이 자연적인 역삼투압으로 정화된 물이므로, 아무리 많은 양을 채취해도 육지의 담수 지하수의 수위에는 전혀 영향을 미치지 않는다. 따라서 21C 미네랄워터는 일반 지하수와는 다른 방식으로 관리하고 사용해야 한다.

깊은 지하가 단단한 화강암층이면서, 긴 해안선을 지닌 대한민국은 21C 미네랄워터의 천국이다. 지구촌에서 대한민국처럼 대지가 화강암층으로 이루어지고, 긴 해안선이 존재하는 국가는 드물기 때문이다. 화강암이 아닌 석회암, 편마암, 현무암층에서는 21C 미네랄워터가 만들어질 수 없고, 해안에서 멀리 떨어진 곳에서는 21C 미네랄워터를 찾기 어렵다. 그러므로 한반도의 동 · 남 · 서해안 바닷가와 섬에 수천 개의 굴착공을 뚫어 21C 미네랄워터를 채취하여 수도관을 통해 가정과 농장과 축사 등에 공급하여 식수로 사용하고, 기존의 수돗물은 세척과 농·공업용수 등으로 사용하면, 대한민국의 물 부족과 국민건강 문제는 한순간에 해결될 것이다. 특히 대한민국의 3천여 개의 섬에서 21C 미네랄워터를 개발하면, 모든 섬의 물 부족 문제는 어렵지 않게 해결될 것이고, 이를 수출하면 석유보다 훨씬 더 큰 경제적 이득을 얻을 것이다.

21C 미네랄식품

의성 히포크라테스(Hippocrates)는 "음식으로 못 고치는 병은 약으로도 못 고친다.", "병을 낫게 하는 것은 자연이다."라고 했다. 이는 '무너진 혈액의 미네랄밸런스는 약으로는 회복되지 않지만, 자연이 만든 음식으로는 회복된다'는 의미다. 그는 자연식품을 골고루 충분히 섭취하면, 혈액의 미네랄밸런스를 회복하므로 모든 질병을 극복할 수 있다고 말한 것이다.

그러나 한 가지 식품은 보통 4-5종류, 산삼처럼 뛰어난 식품도 60여 종류 미만의 미네랄 원소만 함유할 뿐이다. 또한, 지구 산성화로 인해 식품의 미네랄 원소 함유도는 시간이 갈수록 낮아지고 있다. 지금 생산되는 시금치의 비타민C 함유량은 40년 전의 시금치에 비해 1/40에 불과하다는 연구 결과가 있을 정도인데, 미네랄 원소 함유량도 마찬가지다. 그러므로 자연식품을 섭취함으로써 100여 종류 이상의 미네랄 원소를 골고루 충분히 얻으려면, 매일 수십 종류 이상의 식품을 엄청나게 많이 먹어야만 한다. 따라서 단순히 지금의 자연식품을 섭취하는 것만으로는 무너진 혈액과 세포의 미네랄밸런스를 회복하고 유지하기는 어려운 시대가 되었다.

하지만 최첨단 과학기술을 활용하면, 미네랄밸런스의 비율을 찾아내고, 그 비율에 따라 각종 자연식품에서 미네랄 원소만을 추출하여 미네랄 원소들의 결정체를 만들 수 있다. 그렇게 만들어진 미네랄 원소들의 결정체를 섭취하면, 자연식품을 골고루 충분히 섭취하는 것처럼, 무너진 혈액과 세포의 미네랄밸런스를 회복할 수 있다. 이렇게 자연식품에서 미네랄 원소들을 추출하여 만든 미네랄 원소들의 결정체의 이름을 '21C 미네랄식품'이라고 부르기로 한다.

그림 21
21C 미네랄식품의 재료들

21C 미네랄식품은 〈그림 21〉처럼 각종 과일·채소·육류·수산물 등 자연이 생산한 음식 재료에서 추출한 미네랄 원소들과 비타민으로 이루어진다. 따라서 21C 미네랄식품은 특정한 질병을 치유하는 약이 아닌 맛있는 식품의 형태로 존재한다. 미래에는 모든 지역마다 그 지역의 자연식품에서 미네랄 원소들을 추출하여 제조한 다양한 21C 미네랄식품이 생산될 것이다.

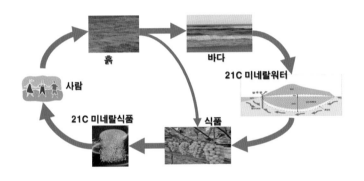

그림 22 21C 미네랄식품이 추가된 미네랄 순환도

이제 미네랄 원소들은 〈그림 22〉처럼 흙과 21C 미네랄워터에서 식품으로 순환한 후, 다시 21C 미네랄식품으로 더욱더 고도화되어 순환한다. 따라서 21C 미네랄식품은 21C 미네랄워터보다 더 정밀하게 미네랄밸런스를 이룬다는 점에서 21C 미네랄워터보다 더 강력한 생명력을 발산한다. 그러므로 21C 미네랄식품을 섭취하면, 모든 세포와 혈액은 미네랄밸런스 파동으로 진동하고, 모든 생명의 생명력은 엄청나게 강해진다.

가루 형태로 존재하는 21C 미네랄식품을 물에 희석하면 '21C 미네랄식품 용액'으로 된다. 21C 미네랄식품 용액에서 미네랄 원소들은 물에 녹아 이온 형태로 존재하므로, 세포 내부로 쉽게 흡수되어 그 기능을 완벽히 발휘하게 된다. 21C 미네랄식품 용액은 미네랄밸런스 파동을 발산한다. 따라서 21C 미네랄식품 용액에서 모든 세포 등은 생명력이 강해지므로 활발하게 번식하지만, 모든 해로운 세균 등은 그 구조가 붕괴하며 사멸한다. 이런 사실은 21C 미네랄식품 용액에 대해 동남의화학학연구원과 한국의과학연구원에서 실시한 '미생물배양실험'과 '미생물 항균 활성 및 생장 촉진능 실험', '암세포 성장 및 독성 실험', '면역세포 · 폐세포 성장 및 독성 실험'을 통해서 확인할 수 있는데, 위 실험자료는 이 책의 뒷부분에 첨부되어 있다.

위 실험의 결론을 간략히 소개하면, 21C 미네랄식품 용액에서 면역세포 · 폐세포와 유익한 미생물인 고초균과 유산균은 생명력이 강해져 활발하게 번식하지만, 해로운 세균인 대장균 · 포도상구균과 일곱 종류의 암세포(폐암, 간암, 대장암, 위암, 전립선암, 갑상선암, 유방암)는 생명력이 약해지며 사멸한다는 것이다. 면역세포 · 폐세포와 유익한 미생물인 고초균 · 유산균이 활발하게 번식한다는 것은, 모든 종류의 유익한 세포 등이 활발하게 번성한다는 의미다. 또한, 두 종류의 해로운 세균과 일곱 종류의 암세포가 생명력이 약해져 사멸한다는 것은, 모든 종류의 해로운 세균과 암세포도 사멸한다는 의미다.

21C 미네랄식품 용액에 대한 바이러스의 성장 및 독성 실험은 그 위험성과 과다한 비용으로 인해 필자가 수행할 수 없었다. 하지만 모든 해로운 세균 · 암세포가 생명력이 약해져 사멸하는 것은, 모든 종류의 바이러스도 생명력이 약해지며 사멸한다는 것을 의미한다. 왜냐하면, 미세한 반(半) 생명체인 바이러스는 세균이나 암세포보다 구조적으로 취약하므로 미네랄밸런스 파동을 만나는 순간 그 구조가 붕괴하기 때문이다.

인간이 인위적으로 제조한 물질에서, 모든 세포 등은 생명력이 강해져 활발하게 번성하고, 모든 해로운 세균 등은 사멸하는 현상이 동시에 발생하는 경우는 지금까지 존재하지 않았다. 하지만 21세기에 이르러 대한민국의 과학자가 개발한 21C 미네랄식품 용액에서 그런 현상이 발생했다. 또한, 생명의 어머니인 지구는 이미 수십억 년 전부터 미네랄밸런스가 이루어진 원시 바다에서 생명을 창조하고 진화시켰다. 그러나 인간들은 바닷물을 오염시켜, 바다의 생명력이 약해지고 있다. 하지만 지구는 오염된 바닷물로 인해 높아진 엔트로피를 소용돌이 원리로 순환시켜 엔트로피를 낮춰 다시 생명력을 강화한 21C 미네랄워터를 이미 준비해 놓았다. 그리고 21세기에 들어와 그 원리가 이 책에서 명확하게 밝혀졌다.

21C 미네랄식품 용액과 21C 미네랄워터에는, 에너지가 강한 미네랄 원소들과 일반적인 원소들이 미네랄밸런스를 이루며 존재하고, 미네랄밸런스 파동으로 진동한다는 점에서 공통된다. 따라서 21C 미네랄식품 용액에 대한 각종 실험결과는 21C 미네랄워터에도 동일한 결과가 나오게 된다. 이에 21C 미네랄식품 용액과 21C 미네랄워터를 총칭하여 '미네랄밸런스 용액'이라 칭하기로 한다.

미네랄밸런스 용액의 적용 사례

미네랄밸런스 용액을 사용하면, 혈액과 세포는 미네랄밸런스를 이루고, 미네랄밸런스 파동으로 진동하므로 인체의 생명력은 획기적으로 강해진다. 따라서 세포 차원의 모든 질병은 그 뿌리가 잘리며 한꺼번에 사라지게 된다. 이에 미네랄밸런스 용액으로 세포 차원의 질병이 사라진 실증적인 사례들을 중심으로 정리해 보았다.

미네랄밸런스 용액과 직접 접촉한 모든 해로운 세균과 바이러스는 빠르게 사멸하고, 상처받은 세포 등은 빠르게 복원된다.

미네랄밸런스 용액과 접촉한 모든 해로운 세균과 바이러스는 빠르게 제거된다. 그러므로 미네랄밸런스 용액을 마시면, 식도 · 위 · 소장 · 대장 · 직장 · 항문 등에 서식하는 충치균 · 풍치균 · 백태균 · 헬리코박터바이러스를 비롯한 모든 세균과 바이러스는 미네랄밸런스 용액과 접촉하므로 그 구조가 붕괴하며 사멸한다. 따라서 입 냄새가 사라지고, 속은 편안해지며, 대변은 황금색으로 변하고, 소화 기능은 획기적으로 향상된다.

　미네랄밸런스 용액은 인체의 복원력을 최고로 활성화한다. 원시 바닷물처럼 미네랄밸런스 용액에서 세포 등의 생명력은 획기적으로 강해지기 때문이다. 따라서 미네랄밸런스 용액을 마시면, 미네랄밸런스 용액과 직접 접촉한 혀·입·식도·위장·소장·대장·직장·항문의 손상되거나 찌그러진 세포는 빠르게 원상태로 복원된다. 또한, 상처에 미네랄밸런스 용액을 바르면, 그 부분의 세포들은 〈그림 23〉처럼 상처가 빠르게 복원된다.

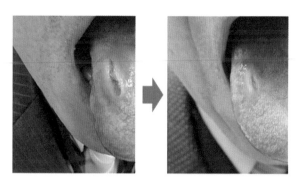

그림 23 21C 미네랄식품으로 빠르게 회복된 상처

그러므로 중화상을 입어 생명이 위독한 환자의 상처 부위에 미네랄밸런스 용액을 바르는 동시에 미네랄밸런스 용액을 마시면, 상처의 외부에서는 미네랄밸런스 용액이, 상처의 내부에서는 미네랄밸런스 혈액이 작용하므로 모든 해로운 세균과 바이러스는 사멸하고, 손상된 인체는 빠르게 복원된다. 마찬가지로 미네랄밸런스 용액을 안약처럼 눈에 넣으면, 염증을 유발하는 모든 세균 등이 사멸하므로 빠르게 눈병이 치료되는 동시에, 시신경과 눈을 구성하는 모든 세포의 생명력이 강해지므로 시력이 좋아진다. 이런 이치로 한쪽 눈이 여러 종류의 바이러스에 감염되어 6개월간 안과 치료를 받다가 시력을 상실할 위기에 처했던 환자가 미네랄밸런스 용액으로 며칠이 지나지 않아 시력이 회복된 사례가 있다.

미네랄밸런스 용액이 손상된 세포에 닿으면, 어머니의 양수처럼 고통을 덜어주고 상처를 빠르게 치유한다. 그것은 미네랄밸런스 용액은 원시 바닷물처럼 상처받은 세포를 감싸고 치유하기 때문이다. 따라서 세포막이 손상되어 고통을 호소하던 세포들도 미네랄밸런스 용액과 접촉하는 순간부터 편안함을 되찾게 된다. 그러므로 외과수술을 하는 경우 미네랄밸런스 용액을 알콜 대신 소독약으로 사용하면 환자의 고통을 덜어주는 동시에 수술 상처는 빠르게 회복된다. 이는 필자가 손바닥의 피부가 완전히 벗겨지는 중화상을 입었을 때 미네랄밸런스 용액으로 상처를 치료한 경험을 통해서도 확인할 수 있었다.

모든 해로운 세균 등을 살균하는 미네랄밸런스 용액은, 상온에서 오랜 시간이 지나도 부패하지 않는다. 따라서 미네랄밸런스 용액을 살균·살충제로 사용하면, 환경을 오염시키지 않으면서, 해로운 세균 등은 완벽히 제거된다. 또한, 미네랄밸런스 용액을 장거리 운송 중인 식품(곡식, 과일 등)에 사용하면, 방부제를 투입하지 않아도 신선한 상태로 식품을 운송할 수 있다.

> 미네랄밸런스 용액을 마시면, 혈액을 비롯한 모든 체액과 소변은 미네랄밸런스를 이루게 된다.

미네랄밸런스 용액을 마시면, 혈액, 림프액 등 모든 체액은 미네랄밸런스를 이루게 된다. 따라서 미네랄밸런스 체액에는 수많은 에너지가 강한 미네랄 원소들과 일반적인 미네랄 원소들이 발란스를 이루며 강력한 미네랄밸런스 파동으로 진동하게 된다.

체액의 미네랄밸런스가 이루어졌는지는 리트머스 시험지에 혓바닥의 침을 묻혀보면 간단하게 알 수 있다. 침의 산성도는 모든 체액의 산성도와 일맥상통하기 때문이다. 침이 pH 8 이상의 알칼리성이면, 모든 체액도 알칼리성이다. 따라서 입을 통해 몸으로 침투하는 거의 모든 세균과 바이러스는 침과 체액에 의해 사멸하게 된다. 하지만 침이 산성화하면 입을 통해 수많은 세균이 침입하여 번성하게 된다.

체액의 미네랄밸런스가 이루어지면, 혈액과 소변의 미네랄밸런스도 이루어지게 된다. 이는 미네랄밸런스 용액을 일정 기간 지속해서 섭취하기 전과 후의 혈액과 소변의 성분검사결과를 살펴보면 명확히 확인할 수 있다. 필자는 2018년 4월부터 지금까지 0.4% 미네랄밸런스 용액을 하루에 1ℓ 정도를 꾸준히 섭취하고 있다. 그래서 미네랄밸런스 용액을 섭취하기 전·후의 필자의 혈액검사결과와 소변검사결과 중 특히 유의미한 부분만을 추려서 표로 정리해 보았다.

	2004. 2.17.	2006. 3.23.	2020. 1.15.	2022. 8.23.	비고		
	검사 결과	검사 결과	검사 결과	검사 결과	하한	상한	단위
평균혈소판 용적	10.3	9.9	8.9		7.5	10.7	fL
GPT(ALT)	23.2	37	15	11	4	44	U/L
LDH (유산탈수소효소)	342	432	170	170	140	271	U/L
CRP(정량)		0.11	0.02	0	0	0.5	Mg /dl

표 2 필자의 혈액검사결과표

〈표 2〉로 정리된 필자의 혈액검사결과를 요약하면,

① 평균혈소판용적이 정상수치를 넘어서 비대해지면 혈소판
은 파괴된다. 2018. 이전에는 평균혈소판용적이 정상수치를 넘
어서기 일보 직전까지 비대해져 위험했었지만, 2020. 1. 15. 경
에는 정상수치의 한가운데로 돌아왔다.

② GPT수치는 간세포가 파괴될 때 나오는 효소로서, 2018.
이전에는 위험할 정도로 많은 수의 간세포가 파괴되었으나,

2020. 이후에는 안정된 상태로 회복되었다.

③ LDH(유산탈수소효소)는 세포가 사멸할 때 나오는 효소로, 2018. 이전에는 정상수치(271)를 크게 벗어날 정도로 많은 수(342, 432)의 세포들이 죽고 있었다. 많은 수의 세포가 죽는 것은 몸이 급격히 노화하고 있다는 의미다. 그러나 2020. 이후에는 정상수치로 회복되었다.

④ CRP는 몸에 염증이나 염증 물질이 있으면 나타나는 수치다. 2018. 이전에는 상당한 양의 염증이 존재했으나, 2020.에는 염증이 획기적으로 감소했고, 2022.에는 전혀 존재하지 않게 되었다.

	2004. 2.27.	2019. 11.27.	2020. 1.15.	2022. 8.23.	비고		
	검사 결과	검사 결과	검사 결과	검사 결과	하한	상한	단위
pH	5.0	7.0	7.0	7.5	5.0	8.0	
RBC	Many	30–50	3–5	0	0	2	/HPF

표 3 필자의 소변검사결과표

〈표 3〉으로 정리된 필자의 소변검사결과를 요약하면,

① 2018. 이전에는 소변의 pH가 5.0으로 산성화가 심각했었는데, 2019.-2020.에는 7.0 중성으로 회복되었고, 2022.에는 7.5의 약알칼리성으로 변화했다. 소변의 pH가 5.0 이하로 내려간다는 것은 혈액의 pH 또한 5.0 이하로 내려갔다는 것을 의미한다. 왜냐하면, 소변은 혈액이 걸러진 용액이기 때문이다. 혈액의 pH가 5.0으로 내려가면 혈액 속에 각종 세균·바이러스가 서식하게 되고, 각종 암이 발생하기 시작한다. 하지만 혈액의 pH가 7.5 이상이면, 산성 물질인 세균과 바이러스는 저절로 사멸하게 된다.

② RBO는 소변을 통해 배출되는 혈액의 적혈구 세포 숫자를 고배율의 현미경으로 세는 검사다. 2018 이전에는 숫자를 셀 수 없을 정도로 많은 수의 적혈구가 소변을 통해 배출되었으나, 2019. 11.에는 30~50개 정도로 줄었고, 그로부터 48일 후인 2020. 1.에는 3~5개로 줄어 정상치(0~2)에 거의 근접했으며, 2022.에는 완전히 사라졌다. 이는 신장과 몸속의 염증이 완전히 치유되어 더는 혈뇨(血尿)가 나오지 않게 되었음을 의미한

다. 필자는 대학교 4학년 때 방광경실에서 요로결석을 제거한 사실이 있는데, 그때부터 신장 염증으로 인해 혈뇨가 생겨 35년 이상을 고생했었다. 담당 의사는 신장 세포는 재생되지 않는데, 이렇게 심한 혈뇨가 신장 이식 수술을 받지 않고 완치되는 것은 극히 희귀한 경우라고 했다.

필자의 혈액과 소변검사결과를 종합하면, 미네랄밸런스 용액을 섭취하기 전에는 산성화로 인해 혈액과 소변이 탁하고 각종 질병이 만연하고 있었음을 나타내고 있다. 당시 필자는 갑상선기능항진증, 혈뇨, 빈혈, 소화불량, 위장장애, 비염, 과민성 대장염, 치질 등의 각종 질환으로 고생하고 있었다. 하지만 미네랄밸런스 용액을 섭취하기 시작한 이후부터 혈액과 소변이 다시 약알칼리성으로 변하고 면역력이 향상되면서 각종 질병에서 벗어나게 되었다. 따라서 누구라도 미네랄밸런스 용액을 지속적으로 섭취하면, 혈액을 비롯한 모든 체액과 소변은 미네랄밸런스를 이루므로 건강을 되찾게 될 것이다.

미네랄밸런스가 이루어진 혈액은, 혈관을 막고 있는 혈전을 녹여 몸 바깥으로 배출한다.

알칼리성인 미네랄밸런스 혈액과 산성인 혈전이 만나면 혈전
은 빠르게 녹아내린다. 따라서 혈액의 미네랄밸런스가 이루어지
면, 혈전이 혈관을 막아 발생하는 모든 질병은 빠르게 치료된다.

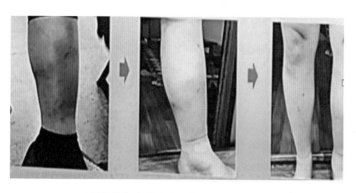

그림 24 하지정맥류 환자의 상태변화

이는 혈전이 혈관을 막아 혈액의 흐름이 멈춰 다리 절단 수
술을 앞두고 있던, 〈그림 24〉의
하지정맥류 환자와 〈그림 25〉의
당뇨병 환자가, 미네랄밸런스
용액을 마시자 며칠이 지나지
않아, 혈전이 사라짐으로써 다
리 절단 수술이 필요 없게 된 사
실로 확인할 수 있다. 또한, 심
장 동맥이 혈전으로 막혀 스텐

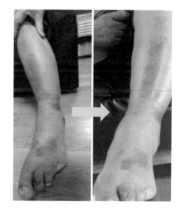

그림 25 당뇨 환자의 상태변화

트 삽입 시술을 앞두고 있던 환자들이 4~5일 동안 미네랄밸런스 용액을 섭취한 후 다시 검사하면, 혈전이 모두 녹아내려 스텐트 시술을 받지 않게 되는 사실로도 확인된다.

그러므로 혈액의 미네랄밸런스가 이루어지면, 혈전이 혈관을 막아 발생하는 심장마비, 뇌출혈, 뇌경색 등의 모든 혈관질환과 그로 인한 돌연사는 한순간에 사라지게 된다.

> **혈액의 미네랄밸런스가 이루어지면, 모든 세포는 방어력이 강해져 세균 등을 막아내고, 고유의 기능을 완벽히 발휘한다.**

혈액의 미네랄밸런스가 이루어지면, 모든 세포의 미네랄밸런스도 이루어진다. 미네랄밸런스를 이룬 세포의 미토콘드리아들은 각종 미네랄 원소들을 재료로 생체전기를 만들어내고, 생체전기에 의해 〈그림 26〉처럼 세포막의 외부는 (+)극[정상 세포는 (+)극이다], 내부는 (−)극으로 이루어진 강력한 전기장이 촘촘히 형성된다. 이때 (+)극과 (−)극 사이의 전압은 무려 70~100mV에 달한다. 그러므로 세균 등은 강력한 전기장으로 인해 세포 내부로 침입할 수 없고, 세포 내부로 침입해도 미네랄 원소들이 발산하는 미네랄밸런스 파동으로 즉시 사멸하게 된다.

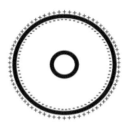

미네랄밸런스를 이룬 세포막의 촘촘한 전기장

그러나 혈액의 미네랄밸런스가 무너지면, 미토콘드리아들은 생체전기를 제대로 만들어내지 못하므로, 모든 세포는 〈그림 27〉처럼 찌그러지고, 세포막 내외부의 전기장은 느슨해지며, (+)극과 (−)극의 전압은 30mV 이하로 떨어지므로 세포의 방어력은 약해진다. 그러면 세균과 바이러스는 약해진 전기장의 틈을 통해 세포 내부로 침투하거나 세포 외부에 붙어 기생하므로 염증이나 암이 발생하게 된다.

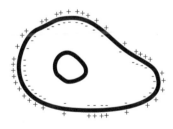

그림 27 미네랄밸런스가 무너진 세포막의 느슨한 전기장

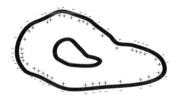

그림 28 암세포 세포막의 극성이 역전된 전기장

만일 미네랄밸런스가 극단적으로 무너지면, 미토콘드리아들은 세포 안으로 침입한 바이러스에게 점령되고, 세포는 암세포로 변한다. 따라서 미토콘드리아를 점령한 바이러스에 의해 〈그림 28〉처럼 세포막 외부는 (−)극, 세포막 내부는 (+)극으로 전기장의 극성이 세균과 바이러스와 같은 극성[세균 등은 (−)극이다]으로 변한다. 따라서 세포는 세균 등의 전진기지로 변하고 몸은 각종 질병에 시달리게 된다.

또한, 세포의 미네랄밸런스가 이루어지면, 자기장이 지구를 감싸는 것처럼 세포를 감싸게 된다. 따라서 전·자기장으로 보호막을 형성한 세포에 세균 등은 접근할 수 없으므로 세포의 방어력은 획기적으로 강해진다. 또한, 미네랄밸런스를 이룬 세포는 알칼리성이다. 따라서 산성인 세균 등은 알칼리성인 세포에 접근하면 화학적으로 소멸하게 된다.

또한, 혈액의 미네랄밸런스가 이루어지면, 모든 세포는 본래의 기능을 완벽히 발휘한다. 신경세포는 신경세포로, 간세포는 간세포로서 모든 기능을 완벽히 발휘하게 되는 것이다. 따라서 세포가 기능을 상실함으로써 발생한 모든 질병은 사라지게 된다.

신경세포의 주기능은 말단 세포들과 뇌세포 사이에서 전기신호를 전달하는 것이다. 신경세포들은 전기신호를 미네랄 원소를 통해 전달한다. 따라서 신경세포의 미네랄밸런스가 이루어지면, 전기신호가 원활하게 전달된다. 그러나 신경세포의 미네랄밸런스가 무너지면, 전기신호를 전달할 미네랄 원소가 부족하므로 신경망이 약해지고, 그 상태에서 어떤 충격을 받으면 신경망이 끊어지며 의식을 잃고 식물인간의 상태로 빠지게 된다. 하지만 신경세포의 미네랄밸런스가 이루어지면, 끊어진 신경망은 강력한 미네랄밸런스 파동으로 다시 연결되어 전기신호가 전달되므로 의식을 회복하게 된다. 그 예로 1년 동안 의식을 잃고 식물인간으로 지내던 여성이 미네랄밸런스 용액을 마시고 며칠이 지나지 않아 의식을 회복한 사례가 있다. 또한, 수십 년 동안 재생불량성 빈혈로 고통받던 환자와 강직성 척추염으로 고생하던 환자도 미네랄밸런스 용액을 마시고 2주가 지나기 전에 완치되었다. 그 외에도 세포의 미네랄밸런스가 이루어지며, 기능을 상실했던 장기의 기능이 정상으로 돌아와 질병에서 벗어난 사례는 헤아릴 수 없을 정도로 많다.

이렇게 혈액의 미네랄밸런스가 이루어지면, 모든 세포의 방어력과 기능은 최고치로 높아진다.

혈액의 미네랄밸런스가 이루어지면, 혈장과 면역세포의 면역력이 강해지므로 모든 세균 등은 완벽히 제거된다.

혈액의 면역력이란 혈액이 몸 안으로 침입한 세균 등을 제거하는 힘이다. 혈액의 면역력은 혈장(백혈구와 적혈구 등의 혈구들을 담고 있는 액체)이 모든 종류의 해로운 세균 등을 제거하는 능력과 면역세포가 모든 세균 등을 제거하는 능력을 합친 개념이다.

혈액의 미네랄밸런스가 이루어지면, 혈장과 면역세포의 미네랄밸런스도 이루어지게 된다. 미네랄밸런스를 이룬 혈장과 면역세포의 면역력을, 세균과 바이러스에 대한 면역력과 암세포에 대한 면역력으로 나누어 살펴보면,

첫째, 혈액의 미네랄밸런스가 이루어지면, 모든 종류의 세균과 바이러스는 미네랄밸런스가 이루어진 혈장에서 발산하는 미네랄밸런스 파동에 의해 사멸한다. 미네랄밸런스 파동에 의해 세균과 바이러스는 그 구조가 붕괴하기 때문이다.

그런데도 살아남은 세균과 바이러스는 미네랄밸런스를 이룬 NK세포, T세포, B세포, 수지상세포 등의 면역세포에 의해 철저하게 제거된다. 왜냐하면, 미네랄밸런스를 이룬 면역세포는 시간이 지날수록 그 숫자는 많아지고 힘도 강해지지만, 세균과 바이러스는 숫자가 줄고 힘이 약해지기 때문이다. 따라서 미네랄밸런스를 이룬 면역세포는 생명력이 약해진 세균 등을 쉽고 빠르게 제거한다. 그러므로 면역세포가 존재하는 미네랄밸런스 혈액에서 세균과 바이러스가 제거되는 기간은, 면역세포가 존재하지 않는 미네랄밸런스 용액에서 세균과 바이러스가 제거되는 기간보다 훨씬 단축된다.

그러므로 혈액의 미네랄밸런스가 이루어지면, 세균과 바이러스로 인해 발생하는 신체 모든 부위의 모든 질병은 한꺼번에 치유된다. 간염바이러스, 결핵바이러스 등의 모든 바이러스와 콜레라균, 장티푸스균 등의 모든 세균과 그들의 변종들이 일으킨 모든 염증이 한꺼번에 사라지는 것이다. 당연히 항생제에 내성을 지닌 모든 종류의 슈퍼 바이러스와 슈퍼 세균도 빠르게 제거되므로 더는 에이즈 같은 난치병과 불치병과 희귀병은 존재하지 않게 된다.

다양한 세균과 바이러스가 혈액에서 번식하는 대표적인 질병
이 패혈증이다. 패혈증으로 6개월간 5곳의 종합병원을 전전하
며 여러 종류의 항생제 치료를 받았으나 염증이 심해 끝내 무
릎 아래 절단 수술을 앞두고 있던 환자가, 미네랄밸런스 용액
을 마시고 7일 만에 〈그림 29〉처럼 완치되었다. 또한, 넓적다
리뼈에 염증이 발생하여 종합병원에서 모든 항생제 치료를 받
았으나 실패하여 엉덩이 아래쪽 다리 절단 수술을 앞두고 있던
환자도 미네랄밸런스 용액을 마시고 며칠이 지나지 않아 완치
되었다. 그리고 〈그림 30〉처럼 수십 년 동안 아토피염으로 고
통받던 환자도 20일 만에 완치되었다. 이는 미네랄밸런스 혈액
에서는 각종 해로운 세균과 바이러스는 혈장의 미네랄밸런스
파동과 면역세포의 공격을 견디지 못하고 구조가 붕괴하며 사
멸한다는 것을 의미한다.

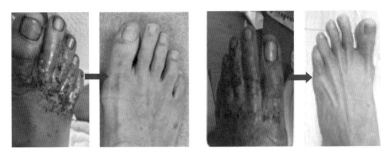

그림 29 패혈증 환자의 상태변화

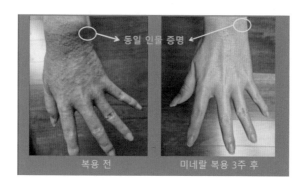

동일 인물 증명

복용 전 | 미네랄 복용 3주 후

그림 30 아토피 환자의 상태변화

둘째, 혈액의 미네랄밸런스가 이루어지면, 모든 종류의 암세포는 미네랄밸런스를 이룬 혈장에서 발산하는 미네랄밸런스 파동에 의해 그 구조가 붕괴하며 사멸한다. 이는 '암세포 성장 및 독성 실험'에서 7일 동안 7종류의 암세포(폐암, 간암, 대장암, 위암, 전립선암, 갑상선암, 유방암)를 미네랄밸런스 용액에서 배양한 결과, 〈표 4〉와 같이 0.4% 용액에서는 최대 51%에서 최소 2%의 암세포가 사멸했고, 0.8% 용액에서는 최대 72%에서 최소 16%의 암세포가 사멸한 것을 보면 알 수 있다. 미네랄밸런스 혈장은 미네랄밸런스 용액의 일종이다. 따라서 혈장의 미네랄밸런스가 이루어진 상태로 150일 이상이 지나면, 모든 종류의 암세포는 미네랄밸런스 혈장에 의해 사멸하게 된다.

번호	암세포 종류	7일 동안 배양한 결과	
		0.4% 미네랄밸런스 용액에서	0.8% 미네랄밸런스 용액에서
1	폐암세포	47% 사멸	70% 사멸
2	간암세포	51% 사멸	72% 사멸
3	대장암세포	16% 사멸	44% 사멸
4	위암세포	2% 사멸	16% 사멸
5	전립선암세포	19% 사멸	54% 사멸
6	갑상선암세포	4% 사멸	63% 사멸
7	유방암세포	31% 사멸	71% 사멸

표 4 7일간 암세포 배양결과

그런데도 살아남은 암세포는 미네랄밸런스를 이룬 면역세포에 의해 제거된다. 면역세포는 미네랄밸런스 혈액에서 생명력이 강해지지만, 암세포는 생명력이 약해지기 때문이다. 그러므로 면역세포가 존재하는 미네랄밸런스 혈액에서 암세포가 제거되는 기간은, 면역세포가 존재하지 않는 미네랄밸런스 용액에서 암세포가 제거되는 기간보다 훨씬 단축된다. 실제로 매년 발생하던 암의 일종인 대장용종이 미네랄밸런스 용액을 복용한 후 〈그림 31〉처럼 빠르게 사라져 다시는 발생하지 않게 되었다. 또한, 자궁암·위암 등으로 항암치료를 받던 환자들도 모두 완치되어 건강을 회복하게 되었다.

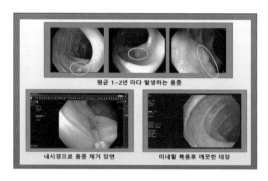

평균 1~2년 마다 발생하는 용종

내시경으로 용종 제거 장면 | 미네랄 복용후 깨끗한 대장

그림 31 대장용종의 상태변화

정말 중요한 사실은 정상 세포가 암세포로 변한 원인은, 산성화된 혈액에서 살아남기 위해서였다는 것이다. 따라서 혈액의 미네랄밸런스가 이루어지면 암세포도 살아남기 위해 정상세포로 변하게 된다. 정상 세포이든 암세포이든 살아남고자 하는 것은 모든 생명의 본능이고, 정상 세포가 암세포로 변하는 것은, 암세포도 정상 세포로 변할 수 있다는 의미이기 때문이다. 이는 암 환자가 항암치료를 거부하고 자연으로 돌아가 생활하여 혈액의 미네랄밸런스가 이루어지면, 어느 순간 모든 암세포가 정상 세포로 변하며 건강을 되찾은 수많은 사례를 보아

도 알 수 있다. 그러므로 미래 의학은 모든 암을 혈액의 미네랄밸런스를 이루어지게 함으로써 암세포가 정상 세포로 돌아오게 하는 방법으로 치유하게 될 것이다. 그러나 서구의학처럼 암세포와 부근의 정상 세포를 넓은 범위에 걸쳐 수술로 제거한 후 항암제를 투여하여 치료하면, 혈액의 산성화는 더 심해지므로 더 많은 정상 세포는 살아남기 위해 암세포로 변한다. 또한, 암세포는 죽을 때까지 면역세포와 싸움을 이어가며 번식하므로 암은 더욱더 깊어진다. 이는 항암치료를 받은 암 환자의 대부분이 암이 몸 전체로 전이되어 사망하거나, 항암제로 인해 생명력이 약해져 근근이 목숨만 부지하며 살아가는 것을 보면 알 수 있다.

이렇게 혈액의 미네랄밸런스가 이루어지면, 모든 세균 등은 혈장과 면역세포에 의해 빠르게 제거되거나 정상 세포로 돌아오는데, 이를 '육체의 면역력'이라고 한다. 그러나 서구의학은 면역세포의 특정 세균이나 바이러스에 대한 면역력에만 중점을 두고, 혈장의 면역력은 전혀 이해하지 못하고 있다. 그래서 특정 세균이나 바이러스로 제조한 백신을 혈관에 투입하여 면역세포들이 이들을 미리 경험함으로써, 특정 세균이나 바이러스에 대한 면역력을 높이려고만 한다. 하지만 세균이나 바이러스의 일부를 배양한 백신을 투여하면, 혈액은 급격하게 산성화되고, 산성화된 혈액에서 혈장의 면역력과 면역세포의 면역력은 급속도로 약해지고, 세균 등의 생명력은 강해진다. 또한, 백신으로 인해 급속도로 산성화된 혈액은 수많은 혈전을 생성하여 혈관을 막아 혈액의 순환을 방해하므로, 정상 세포들의 방어력도 약해진다. 따라서 면역력을 높이려고 접종한 백신으로 인해 혈장과 면역세포의 면역력은 물론 혈액의 원활한 순환과 모든 세포의 방어력도 약해지고 있는 것이 현실이다.

면역세포의 면역력만을 중요시하는 것은, 바닷물 속으로 침입한 세균과 바이러스를 동물성 플랑크톤이 잡아먹는 능력만을 중요시하는 것과 같다. 바닷물에서 세균과 바이러스가 플랑크톤에게 잡아먹히는 것은, 미네랄밸런스를 이룬 바닷물에 의해 플랑크톤의 생명력은 강하게 유지되는 반면, 세균과 바이러스는 이미 죽었거나 거의 죽음에 이를 정도로 생명력이 약해졌기에 가능한 일이다. 마찬가지로 혈액에서 세균 등이 면역세포에 잡아 먹히는 것은, 미네랄밸런스를 이룬 혈장에 의해 면역세포의 면역력은 강해졌으나 세균 등은 이미 죽었거나 거의 죽음에 이를 정도로 생명력이 약해졌기 때문이다. 그러므로 혈장과 면역세포의 면역력 중, 더 중요한 것은 혈장의 면역력이라는 사실을 잊어서는 곤란하다.

그러므로 앞으로 펼쳐질 미래 의학은 혈액의 미네랄밸런스를 이루게 하는 단 한 가지 방법으로 모든 질병을 예방하고 한꺼번에 치유하게 된다.

> **혈액의 미네랄밸런스가 이루어지면, 치매 · 우울증 · 조울증 등의 뇌 질환도 빠르게 치유된다.**

뇌는 뇌액으로 가득하다. 뇌액은 전기신호를 빠르게 전달하기 위해 미네랄 원소를 풍부하게 함유해야 한다. 그러나 혈액의 미네랄밸런스가 무너지면, 뇌액이 묽어지며 전기신호의 전달이 원활하지 않게 되고, 뇌 안으로 각종 바이러스가 침입하여 뇌세포를 공격하게 된다. 이렇게 뇌의 전기신호 전달이 제대로 이루어지지 않고, 바이러스에 의해 기능을 상실한 뇌세포의 숫자가 증가하며 발생하는 질병이 치매 · 우울증 · 조울증 등의 각종 정신질환이다.

서구의학은 화학물질로 제조한 약을 사용하여 정신질환 증세를 일으키는 부위를 마비시켜 그 부분으로 전기신호의 전달을 차단함으로써 증세가 나타나지 않게 하는 방식으로 정신병을 치료한다. 그러나 이런 방식으로 치료하면 환자는 멍청한 바보가 되어 더는 정상적인 사회생활이 불가능하게 된다.

그러나 미네랄밸런스 용액을 섭취하여 혈액의 미네랄밸런스가 이루어지면, 뇌액의 미네랄밸런스도 이루어지므로 전기신호는 원활히 전달되고, 뇌 안으로 침입한 각종 바이러스는 사멸하며, 뇌세포가 제 기능을 발휘하므로 각종 뇌 질환은 근원적으로 치유된다. 이미 치매로 대소변을 받아내야만 했던 80대의 환자가 90일 정도 미네랄밸런스 용액을 마시고 완벽히 회복되어 정상적인 사회생활을 할 수 있게 되었고, 우울증과 조울증 환자들도 미네랄밸런스 용액으로 치유되는 사례도 속출하고 있다.

혈액의 미네랄밸런스가 이루어지면, 마약 · 알콜 · 화학물질 등의 독성물질은 빠르게 분해된다.

미네랄밸런스가 이루어진 혈액에서, 마약을 비롯한 알콜과 화학물질, 활성산소의 분자구조는 분해된다. 자연적인 미네랄 밸런스 파동과 비자연적인 마약·알콜·화학물질·활성산소 등의 분자구조에서 발산하는 파동은 조화를 이루며 공존할 수 없기 때문이다. 이는 엄청난 양의 화학물질 등의 수많은 독성 물질이 끝없이 바다로 흘러들어도, 바다의 미네랄밸런스 파동으로 그 모든 것이 해독되는 것을 보면 알 수 있다. 만일 바닷물이 화학물질의 분자구조를 분해할 수 없다면, 이미 바다는 생명력이 사라진 거대한 죽음의 늪으로 변했을 것이다. 그러므로 마약·알콜·화학물질에 중독된 환자의 혈액과 세포의 미네랄밸런스가 이루어지면, 강력한 미네랄밸런스 파동에 의해 마약·알콜·화학물질의 분자구조는 분해되므로 그로 인한 중독과 질병에서 근원적으로 벗어나게 된다. 또한, 방사능 오염 물질에서 발산하는 방사능 파동의 세기보다 미네랄밸런스 파동은 훨씬 더 강력하다. 이는 바다가 지구촌의 모든 원자력발전소에서 방출되는 모든 방사능물질과 우주에서 지구로 들어오는 모든 방사능 파동을 제거하는 것을 보아도 알 수 있다. 따라서 미네랄밸런스 용액은 방사능에 피폭된 환자에게도 큰 도움이 될 것이다.

미네랄밸런스 용액은 산성화된 혈액을 알칼리화하여 모든 질병을 치유하지만, 화학물질로 만들어진 약은 혈액을 산성화하여 특정한 질병을 치료한다. 따라서 미네랄밸런스 용액과 화학물질로 만들어진 약을 함께 복용하면, 미네랄밸런스 혈액은 화학물질로 만들어진 약의 분자구조를 분해하는 것에 더 많은 에너지를 사용하므로 그만큼 미네랄밸런스 용액의 효능은 떨어지게 된다.

미네랄밸런스 용액을 수액으로 사용하면, 혈액의 미네랄밸런스는 가장 빠르게 회복된다.

미네랄밸런스 수액을 모야모야병 환자와 코로나바이러스 환자에게 투여한 사실이 있다.

65세의 모야모야병 환자(여성)가 수축기혈압이 55로 떨어질 정도로 위중한 상태에 이르자, 담당 의사는 당일 사망할 것이라는 사망 선고를 내리며 가족들을 모이라고 했다. 그러나 코로나 사태로 국경이 봉쇄된 상황에 외국으로 출장 갔던 그의 외아들이 귀국할 수 없게 되자, 가족의 요청에 따라 담당 의사의 결정으로 0.2% 미네랄밸런스 용액을 수액으로 환자의 코 혈관을 통해 투여했다. 그러자 즉시 환자의 혈압이 110으로 상승하며 의식을 회복했고, 그 후 그녀는 음식이나 물을 먹거나 마시지 못한 상태에서도, 미네랄밸런스 수액만으로 60여 일을 더 생존하며 생을 정리할 수 있었다. 결국, 사망했지만 만일 미네랄밸런스 수액의 농도를 0.4% 이상으로 조절했더라면 환자가 완치되거나 더 오래 생존할 수 있었을 것이다. 어쨌든 미네랄밸런스 수액은 빠르고 효과적으로 무너진 혈액의 미네랄밸런스를 회복시켜 생명력을 강화하므로 더는 치료 방법이 없어 사망하기 일보 직전의 환자도 2달 이상을 더 생존하게 한다.

또한, 코로나바이러스에 감염된 환자에게 환자의 가족이 미네랄밸런스 용액을 링거액으로 투여한 사실이 있다. 환자는 갑상선 암으로 갑상선제거수술을 받았고, 파킨슨 증세를 보이는 60대 후반의 기저질환을 지닌 여성 환자다. 그녀는 코로나바이러스에 감염되어 고열과 기침으로 시달리고, 후각과 미각 신경이 마비되어 맛과 냄새를 맡을 수 없었으며, 식욕이 없어 4일간 아무것도 먹거나 마시지 못해 매우 위중한 상태였다. 이에 환자의 가족이 링거액 팩에 0.4% 미네랄밸런스 용액을 넣어 환자의 혈관에 투여하자, 그 순간부터 환자의 상태가 호전되기 시작해, 2–3일이 지나자 거의 회복하게 되었고, 1주일이 지나자 완전히 정상으로 돌아오게 되었다.

미네랄밸런스 용액은 혈관에 투입해도 어떤 부작용도 발생하지 않는다. 100여 가지 미네랄 원소와 13가지 비타민은 혈액 속에 반드시 있어야만 하는 물질이기 때문이다. 따라서 미네랄밸런스 용액은 복잡한 임상 시험을 거치지 않고 그대로 수액으로 사용해도 안전성에 전혀 문제가 없다.

그러나 혈액과 세포에 해로운 화학물질로 만든 약이나, 바이러스를 원료로 제조한 백신을 혈관에 투여하려면 반드시 엄격한 임상 시험을 거쳐야만 한다. 왜냐하면, 그런 물질을 먹거나 혈관에 투입하면 혈액이 산성화되어 사람이 죽거나 심한 후유증을 앓기 때문이다. 따라서 그런 물질을 몸에 투입하려면 어느 정도 투입해야 사람이 죽거나 후유증이 발생하는지를 임상 시험을 통해 미리 알아야만 한다. 그런데도 수많은 사람이 임상 시험을 거친 항생제와 백신으로 인해 죽거나 후유증으로 고통받고 있다.

미네랄밸런스 수액은 지금의 코로나바이러스로 죽어가는 수많은 생명을 구할 수 있는 최적의 방안이다. 코로나바이러스에 감염되거나, 코로나바이러스 백신을 맞고 생사를 오가거나, 후유증으로 고통을 겪고 있는 수많은 환자는 스스로 미네랄밸런스 용액을 마시거나 소화할 힘도 없는 경우가 많다. 특히 죽음을 앞둔 중환자에게 미네랄밸런스 수액을 투여하면, 미네랄밸런스 파동의 강력한 생명력으로 대부분 환자는 어떤 부작용도 없이 빠르게 건강을 회복하게 된다.

마찬가지로 미네랄밸런스 수액은 각종 마약과 알콜 중독으로 시들어가는 수많은 생명을 구할 수 있는 최적의 수단이다. 마약이나 알콜에 중독되면 혈액과 세포에 마약이나 알콜 성분이 자리 잡고 끊임없이 더 많은 마약과 알콜을 요구하므로 그 중독에서 벗어나는 것은 너무도 힘겹다. 하지만 일정 기간 미네랄밸런스 수액을 투여하는 동시에 미네랄밸런스 용액을 마시면, 혈액과 세포에 자리 잡은 마약과 알콜 성분은 빠르게 분해되며 사라지고, 그곳에 미네랄 원소들이 자리 잡게 되므로 쉽게 중독에서 벗어나게 된다.

혈액의 미네랄밸런스가 이루어지면, 몸의 힘이 강해진다.

미네랄밸런스 용액을 손에 들고 있거나, 섭취하거나, 정맥에 주사하면, 즉시 몸의 힘이 강해지고 균형을 잡는 능력이 향상되는데, 이는 AK테스트를 하면 쉽게 확인할 수 있다. AK테스트는 〈그림 32〉처럼 두 팔을 양옆으로 벌리고 한쪽 다리를 들고 선 자세에서, 실험자가 피

그림 32 AK테스트

실험자의 다리를 들고 있는 방향의 팔꿈치를 화살표 방향으로 가볍게 눌러 피실험자가 넘어지지 않고 버티는 힘의 세기를 측정하는 실험이다.

피실험자가 미네랄밸런스 용액을 손에 들기 전과 후에, 미네랄밸런스 용액을 마시기 전과 후에 각각 AK테스트를 실시하면, 들기 전보다 들고 있으면 적어도 3~4배 이상, 마시기 전보다 마신 후에는 적어도 5~10배 이상 균형감각과 버티는 힘이 강해졌음을 실험자와 피실험자는 동시에 느끼게 된다. 또한,

그 힘의 편차는 면역력이 떨어진 사람일수록 크다는 것도 알게 된다.

이렇게 미네랄밸런스 용액을 들고 있거나 마시면 즉시 힘이 강해지는 것은, 미네랄 원소들로부터 발산하는 강력한 미네랄 밸런스 파동이 육체로 흡수되어 생명력으로 발산되기 때문이다. 실제로 21C미네랄식품에 대한 방사능 측정 실험에서 방사능 물질에서 발산하는 파동보다 더 강력한 파동이 발산하는 것을 확인하고 실험자가 놀란 사실이 있다.

손으로 잡고만 있어도 힘(생명력)이 강해지는 미네랄밸런스 용액을 꾸준히 섭취하면 얼마나 생명력이 강해지겠는가? 미네랄밸런스 용액을 꾸준히 마시면, 시간이 지날수록 힘이 강해지고 균형감각이 향상되는 것을 스스로 느낄 수 있는데, 필자는 이를 직접 경험했다. 미네랄밸런스 용액을 섭취하기 이전의 필자는 힘이 약하고 균형감각이 매우 떨어진 상태였다. 하지만 48개월 정도 미네랄밸런스 용액을 섭취하자 몸의 힘이 7배 이상 강해지고 균형감각이 뚜렷하게 향상되었다는 것을 필자뿐만 아니라 주변 사람들도 확연히 느낄 수 있었다. 21C 미네랄식품 개발자는 평생 연구만 한 사람으로 계절마다 감기를 달고 살아온 약골이었다. 하지만 15년 이상 21C 미네랄식품을 연구·개발하는 과정에 실험을 위해 개발품을 직접 섭취한 결과, 현재는 한쪽 손의 엄지손가락 하나만으로 팔굽혀펴기 10회 이상을 할 수 있을 정도로 힘이 강해졌다. 이는 몸을 구성하는 혈액과 모든 세포의 미네랄밸런스가 완벽하게 이루어졌기에 가능한 일이다.

> **혈액의 미네랄밸런스가 이루어지면, 비만하거나 깡마른 몸은 반듯한 몸으로 변화한다.**

지나친 비만과 깡마름도 영양실조라는 질병의 일종이다. 영양실조에는 단백질과 열량 부족으로 인한 영양실조와 미네랄 원소 부족으로 인한 영양실조가 있다. 20세기 중반까지는 단백질과 열량 부족으로 인한 영양실조가 주를 이루었지만, 질소비료를 본격적으로 사용한 이후부터는 미네랄 원소 부족으로 인한 영양실조가 주를 이루고 있다.

몸은 음식과 물을 통해 단백질과 열량 그리고 각종 미네랄 원소를 골고루 충분히 섭취하면 포만감을 느껴 더 이상의 음식 섭취를 멈춘다. 하지만 그중 하나라도 부족하면 그것이 충족될 때까지 배고픔이나 목마름을 느껴 계속 음식이나 물을 찾게 된다. 그러나 지금의 거의 모든 물과 식품에는 미네랄 원소가 부족하므로 아무리 많이 섭취해도 미네랄 원소는 부족할 수밖에 없으므로 계속 배고픔을 느끼게 된다. 이에 단백질과 열량만 함유한 음식을 과도하게 섭취하게 되므로, 세포의 내부에는 미네랄 원소 대신 물 분자나 기름 분자 또는 단백질 분자로 가득하게 된다. 따라서 세포는 〈그림 33〉처럼 팽창하고, 팽창한 세포들로 이루어진 몸은 단백질과 열량은 과다하지만, 미네랄 원소는 부족한 영양실조에 걸리게 된다. 이런 영양실조의 특징은, 겉으로는 건장해 보여도 실제로는 피로 · 쇠약 · 무기력 · 의욕 상실 · 정신 기능 저하 · 두통 등 미네랄 원소 부족으로 인한 질병의 기본적인 증상을 호소한다는 점이다.

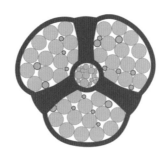

그림 33 과다한 지방과 단백질로 비대해진 세포

또한, 세포에 미네랄 원소가 부족한 상태에서 단백질과 열량도 부족하면, 세포는 〈그림 34〉처럼 쪼그라들고, 쪼그라든 세포들로 이루어진 몸도 쪼그라지며 깡마르게 된다. 이런 세포들로 이루어진 몸은 단백질과 열량 부족으로 인한 영양실조와 동시에 미네랄 원소 부족으로 인한 영양실조도 함께 걸리게 된다.

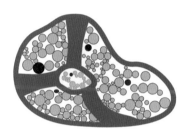

그림 34 영양실조로 쪼그라진 세포

그러나 미네랄밸런스 용액을 섭취하면, 〈그림 35〉처럼 몸을 구성하는 모든 세포는 미네랄밸런스를 이룬 미네랄 원소들로 꽉 차게 되므로, 필요한 만큼 적당한 양의 영양물질만 세포 내부로 흡수된다. 따라서 미네랄밸런스 용액을 계속 섭취하면, 찌그러진 세포는 반듯해지고, 비대한 세포의 내부에도 필요 이상의 영양물질이 존재할 수 없으므로 반듯해진다. 반듯해진 세포들로 이루어진 몸은, 소용돌이 원리로 작동하므로 음식을 많이 먹어도 비대해져 엔트로피가 높아지지 않는다. 소용돌이 원리로 작동하면, 몸을 비대하게 하는 필요 이상의 영양물질은 미네랄 원소들이 가득한 세포 내부로 들어가지 못하고 배설되고, 세포 내부로 영양물질이 과다하게 들어와도 생명력이 강한 세포는 미토콘드리아가 활성화되므로 영양물질을 빠르게 연소시켜 에너지로 사용하기 때문이다.

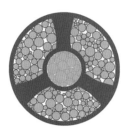

그림 35 미네랄 원소들이 가득한 건강한 세포

이미 비만으로 고민하던 사람들이 미네랄밸런스 용액을 섭취함으로써 정상적인 체형으로 바뀌는 사례가 속출하고 있고, 아무리 노력해도 몸무게가 늘지 않던 사람이 미네랄밸런스 용액을 섭취한 지 얼마 지나지 않아 체중이 10kg 이상 증가하는 사례들도 나타나고 있다. 필자도 미네랄밸런스 용액을 섭취한 후 몸무게가 8kg 정도 빠지면서 몸이 반듯해지는 경험을 했다. 그러므로 미네랄밸런스 용액은 현대 사회의 큰 문제 중 하나인 비만 등의 영양실조도 사라지게 될 것이다.

> 혈액의 미네랄밸런스가 이루어지면, 여성의 양수도
> 미네랄밸런스를 이루게 된다.

미네랄밸런스가 무너진 여성은 임신하기 어렵다. 미네랄밸런스가 무너지면, 미네랄밸런스를 이룬 양수를 생산할 수 없기 때문이다. 또한, 미네랄밸런스 파동을 상실한 그녀의 몸에서 난자와 정자는 결합하기 어렵다. 같은 이치로 난자와 정자가 결합해도 자궁에 착상하기 어렵다. 그러므로 임신을 원하는 여성은 무너진 혈액의 미네랄밸런스부터 회복해야만 한다.

미네랄밸런스가 무너진 여성이 미네랄밸런스 용액을 섭취하면, 혈액과 양수의 미네랄밸런스는 이루어지고, 몸은 미네랄밸런스 파동으로 진동하게 된다. 이제 그녀는 쉽게 임신하고, 유산 없이 무난한 출산으로 이어진다. 그것은 어머니의 양수는 미네랄밸런스 용액이기 때문이다.

임산부가 임신 기간에 미네랄밸런스 용액을 꾸준히 섭취하면, 출산 이후 쉽게 임신 이전의 몸매와 건강을 회복하게 된다. 임신과 출산으로 임산부의 몸매와 건강이 망가지는 것은, 임신 기간에 몸을 구성하는 미네랄 원소들이 양수와 태아의 몸으로 이동함으로써 임산부의 혈액과 세포의 미네랄밸런스가 무너져 세포가 〈그림 33〉과 같은 형태로 바뀌었기 때문이다. 그러나 임신 기간에 꾸준히 미네랄밸런스 용액을 섭취하면, 임산부의 몸은 계속 미네랄밸런스를 유지하므로 임산부의 세포 또한 〈그림 35〉처럼 반듯한 형태를 유지하며 임신 기간을 보내게 된다. 따라서 출산 이후 곧바로 예전의 건강과 몸매를 되찾게 되고, 산후조리 기간도 획기적으로 단축된다.

또한, 임산부가 임신 기간에 미네랄밸런스 용액을 꾸준히 섭취하면, 그녀의 양수는 계속 미네랄밸런스를 유지한다. 따라서 미네랄밸런스가 이루어진 양수에서 성장한 태아는 선천적으로 반듯한 소용돌이 형태의 생명력이 강한 세포들로 이루어지므로, 한평생 건강한 삶을 살아가게 된다.

미네랄밸런스 용액은 가축이나 식물 등 모든 생명에 똑같이 적용된다.

식물이나 가축도 원시 바닷물에서 태어나고 진화한 세포들로 이루어진 생명체들이다. 따라서 미네랄밸런스 용액을 애완동물에게 먹이거나, 분무기에 넣어 전신에 뿌려주면 각종 질병을 치유하게 된다. 또한, 미네랄밸런스 용액을 물에 10배 이상 희석하여 식물에 뿌려주면, 식물은 건강하게 성장하여 많은 열매를 맺게 된다.

조류인플루엔자(AI)나 구제역 등의 가축 질병도 가축의 혈액과 세포의 미네랄밸런스가 무너져 생명력이 약해지며 발생하는 증상 중 하나다. 만일 21C 미네랄워터를 가축들의 식수로 사용하면, 저렴한 가격으로 조류독감이나 구제역 등의 가축 질병이 원천적으로 차단되고, 건강한 가축으로 키워낼 수 있다. 또한, 각종 질병에 걸린 가축들에게 미네랄밸런스 용액을 먹이면, 혈액과 세포의 미네랄밸런스가 이루어져 생명력이 강해져 즉시 치유된다. 따라서 가축 질병으로 인해 가축들을 생매장하지 않아도 된다. 특히 가격이 저렴한 21C 미네랄워터는 가축 질병을 예방하거나 치료하는 것을 넘어, 저렴한 가격으로 건강한 가축을 생산하는 최적의 수단이다. 또한, 21C 미네랄워터를 안개와 같이 분무하여 축사 등을 소독하면 가축의 건강을 증진하는 동시에 공기와 물을 정화하고, 각종 병해충과 세균·바이러스를 제거하므로 시간이 지날수록 병해충은 사라지고 가축들은 건강하게 된다.

마찬가지로 적당한 농도의 21C 미네랄워터로 야채와 과일 등의 농작물을 재배하면, 농약이나 화학비료를 사용하지 않아도 탄저병과 같은 각종 병충해를 막아내고 미네랄 원소를 풍부하게 함유한 최상품의 농작물을 생산하게 된다. 따라서 각종 농작물을 재배하기 위해 1년에 40여 회에서 10여 회 이상 농약과 비료를 살포하지 않아도, 모든 농작물이 건강해지는 동시에 모든 병해충은 사라지게 된다. 이렇게 미네랄밸런스 용액은 모든 생명에게 맛있는 식품이자 최절정의 치료제이고, 유익한 소독제이자 천연비료이다.

노화·질병·죽음의 정복

미네랄밸런스 파동은 미네랄밸런스를 이루고 있는 미네랄 원소들로부터만 발산하는 것은 아니다. 빛·자기장 등으로 미네랄밸런스 파동을 생성하는 다양한 장치와 기구를 현대과학은 얼마든지 만들어낼 수 있다. 그러므로 앞으로는 미네랄밸런스 파동 발생 장치(침대·캡슐 등)를 사용하여 모든 질병을 손쉽게 치료하게 될 것이다. 그리고 조금 더 시간이 지나면, 모든 사람은 언제나 미네랄밸런스 파동 안에서 생활하게 될 것이다. 집·자동차·직장·농장 등 사람이 머무는 모든 곳은 미네랄밸런스 파동이 감싸게 되므로, 지구촌에 노화·질병·죽음이 자리 잡을 곳은 없게 될 것이다. 그렇다고 미네랄밸런스 용액의 중요성이 낮아지는 것은 아니다. 각종 원소는 눈에 보이지 않는 생명력 파동과 눈에 보이는 생명력인 물질을 이어주는 다리이기 때문이다. 전자기기에서 생성된 미네랄밸런스 파동과 육체 사이에 미네랄 원소라는 다리가 존재하지 않으면, 몸을 지니지 않은 영혼이 물질세계에 영향력을 행사하는 데 제약을 받는 것처럼, 높은 차원의 생명력이 물질 차원에서 효율적으로 작동하는 데 제약을 받게 된다. 그래서 신들이 생명을 창조할 때도 원시 바닷물(진흙)에 존재하는 미네랄 원소들을 매개체로 사용했다. 그러므로 미네랄밸런스 용액은 인간이 육체로 존재하는 한, 결코 그 중요성이 감소하지 않을 것이다.

세포의 수명은 평균 30일 정도다. 생명력이 약한 세포는 세포분열을 하지 못하고 죽는데, 그것이 세포의 죽음이다. 그러나 미네랄밸런스 파동으로 진동하여 생명력이 강한 세포는 죽지 않는다. 물론 생명력이 강한 세포도 세포분열 후 30일이 지나면 사라지지만, 그것은 죽음이 아니다. 그것은 뱀이 허물을 벗듯이 생명력이 허물을 벗고 다른 세포로 이어진 것이다. 또한, 미네랄밸런스 파동으로 진동하여 생명력이 강한 세포는, 통합력이 강해지므로, DNA 분자의 끝부분을 묶고 있는 텔로미어(Telomere)는 풀리지 않고 더 강하게 조여진다. 그러므로 생명력이 강한 세포는 텔로미어가 짧아지지 않고 끝없이 분열하여 생명력을 이어가므로 죽음은 있을 수 없다. 모든 세포의 생명력이 강해지면, 몸은 언제나 30일 이내의 젊고 건강한 세포들로만 구성된다. 따라서 수천 년이 지나도 세포의 죽음으로 인해 육체가 죽는 현상은 나타날 수 없도록 설계된 것이 인간의 육체다. 그러므로 미네랄밸런스 파동으로 세포의 생명력이 강해지면, 세포와 육체의 노화·질병·죽음은 거의 정복되므로, 인간이 신으로 진화하기 위한 기본 토대가 마련된다.

제3장

육체 생명력

인간 의식을 신 의식으로 바꾸려면 어떻게 해야 할까?

뇌하수체를 활성화해야 한다. 뇌하수체가 활성화되면 송과샘이 활성화되고 두뇌의 모든 부위도 활성화되므로, 높은 주파수대의 신 의식을 구성하는 생각들이 무한히 두뇌로 들어오기 때문이다.

소용돌이 형태의 육체

인간은 다차원적인 존재다. 인간은 물질 차원에서는 육체로, 빛과 생각 차원에서는 영혼으로 존재하고, 영혼과 육체는 전자기와 원소 차원을 매개로 같은 공간에서 동시에 존재한다. 그러므로 인간은 생각이자 빛이고, 전자기이자 원소들이고 물질이다. 인간은 지고한 생각이자, 순수한 에너지이고, 맥동하는 감정이며, 놀라운 물질인 것이다.

죽음은 육체(물질) 차원에만 나타나는 현상이다. 영혼은 죽음을 모른다. 영혼은 원자핵보다 미세하고 빠르게 진동하는 빛의 알갱이이기 때문이다. 무한한 생각 생명력은 스스로 진동수를 낮추며 빛으로 확장하는 순간 모든 인간의 영혼을 동시에 창조했다. 그러므로 모든 인간의 영혼은 생각 생명력이 확장하는 순간 동시에 태어난 하나님의 자식이자, 생명력의 정수(精髓)이다. 따라서 모든 영혼은 한날한시에 태어난 형제들이므로 그중에 더 뛰어나거나 못난 존재는 있을 수 없고, 모두가 영원하고 무한한 하나님으로부터 무한한 창조성과 자유의지라는 하나님의 속성을 그대로 물려받은 신들이다. 신으로 존재하는 모든 영혼은, 시공을 초월하여 영원하고 무한히 존재하고, 하나님을 포함한 그 무엇도 영혼의 자유를 속박하거나 생명력을 빼앗을 수 없다. 인간의 본질은 영혼이고, 육체는 물질 차원을 체험하려는 영혼들이 자신의 열망을 충족하기 위해, 생명력을 응축하고 응결하여 창조한 물질적인 도구다. 죽음은 인간의 비본질적인 부분인 육체에서만 일어나고, 본질적인 부분인 영혼은 죽음을 초월하여 영원히 존재한다. 하지만 인간의 생명력이 강해져 내면의 신성이 드러나면, 육체도 영혼처럼 흩어지지 않게 되므로 죽음을 초월하게 된다.

인간은 생명력 파동을 끌어당겨 사방팔방으로 발산하는 소용돌이 형태의 생명체다. 따라서 인간의 생명력이 강해지려면, 반듯한 소용돌이 형태로 존재하고, 소용돌이 원리로 작동해야만 한다. 인간이 최고의 고등 생명체로서 모든 생명을 주관하는 것은, 다른 어떤 생명체보다 더 고차원적이고 효율적으로 우주 생명력을 끌어당겨 응축하고 증폭하여 발산하는 핵과 대칭형의 주변이 유기적 일체로 작동하는 소용돌이 형태의 시스템이기 때문이다.

인간의 핵은 〈그림 36〉처럼 육체의 회음부에서 정수리까지 7개의 핵으로 펼쳐져 존재한다. 7개의 핵은 응축된 에너지로 존재하는 생명력이므로 눈에 보이지 않는다. 7개의 핵은 7가지 무지개색(7가지 소리)으로 드러나고, 각각의 핵은 그 색깔(소리)에 해당하는 주파수대의 생명력을 느끼고 끌어당겨 응축하고 증폭하여 육체와 전 우주로 발산한다. 그러므로 7개의 핵은 생명력의 수신기이자 응축기이고, 증폭기이자 발신기로서 생명력의 조절 장치다. 따라서 7개의 핵의 생명력이 강해지면, 생명력을 자유자재로 조율할 수 있게 된다.

그림 36 7개의 핵으로 펼쳐진 인간핵

7개의 핵을 단전(丹田)이라고도 한다. 그중 ① ②는 물질 차원의 핵인 하단전(下丹田), ③ ④는 감정 차원의 핵인 중단전(中丹田), ⑤ ⑥ ⑦은 정신 차원의 핵인 상단전(上丹田)이라고 한다. 이렇게 7개의 핵을 하단전·중단전·상단전으로 단순화하는 것은, 생각·빛·전자기·원소·물질 차원 등으로 존재하는 생명력의 존재 차원을, 생각·빛·물질이라는 3가지 차원으로 단순화하는 것과 같다.

인간의 주변은 하단전·중단전·상단전을 중심으로 사방으로 펼쳐져 존재하는 신경·근육·인대·힘줄 등으로 이루어진 각종 장기와 팔·다리 등의 육체의 모든 부분이다. 따라서 인간의 생명력이 강해지려면, 핵인 하단전·중단전·상단전을 중심으로 육체의 모든 부분이 대칭형의 반듯한 소용돌이 형태로 존재해야 한다.

육체가 반듯한 소용돌이 형태로 존재하려면, 먼저 혈액과 세포가 미네랄밸런스를 이룸으로써 미네랄밸런스 파동으로 진동해야만 하는데, 이에 대해서는 제2장에서 기술하였다. 혈액과 모든 세포가 미네랄밸런스 파동으로 진동하면, 몸 안의 모든 염증과 질병이 사라지므로 육체가 반듯한 소용돌이 형태로 존재하기 위한 전제조건이 갖추어진다.

다음으로 육체가 반듯한 소용돌이 형태로 존재하려면, 하단전 · 중단전 · 상단전이 수직으로 반듯하게 정렬되어야만 한다. 하단전 · 중단전 · 상단전이 찌그러지지 않고 반듯하게 정렬될수록, 하단전 · 중단전 · 상단전은 통합되어 하나로 작동한다. 따라서 구심력은 강해지고, 소용돌이 원리는 효율적으로 작동하므로, 육체의 엔트로피는 낮아지고 생명력은 강해진다. 그러므로 하단전 · 중단전 · 상단전이 수직으로 반듯하게 정렬되는 것은, 육체가 소용돌이 형태로 존재하고 소용돌이 원리로 작동하기 위한 필수조건이다.

하단전 · 중단전 · 상단전을 반듯하게 정렬하려면, 두 다리가 육체를 단단하게 지탱하고, 골반과 척추와 쇄골과 아래턱뼈를 비롯한 모든 뼈대가 제자리를 지키며 반듯하게 자리 잡아야 한다. 모든 뼈대가 반듯하게 자리 잡으려면, 뼈대들을 이어주는 신경 · 근육을 비롯한 모든 조직이 편안하게 이완된 상태로 존재해야 한다.

찌그러지고 경직된 육체의 근육과 신경 등이 이완됨으로써 모든 뼈대가 반듯하게 제자리를 찾으려면, 반드시 소용돌이 원리로 수련해야 한다. 왜냐하면, 육체가 찌그러지고 경직된 원인이 소용돌이치는 힘이 약해졌기 때문이다. 따라서 소용돌이 형태를 강화하고, 소용돌이 원리로 수련하면, 육체의 소용돌이치는 힘이 강해지므로 찌그러지고 경직된 육체는 반듯한 소용돌이 형태로 돌아오고 경직된 근육은 이완된다. 소용돌이 원리로 수련하는 방법의 핵심은, 하단전 · 중단전 · 상단전의 구심력으로 몸 안에 들숨을 가득 채운 후, 하단전에 가해지는 압력으로 골반을 누르며 아랫배를 확장하는 동시에, 중단전에 가해지는 압력으로 가슴을 확장하며 늑골과 쇄골을 들어 올리고, 상단전에 가해지는 압력으로 아래턱을 당기는 동시에 이목구비(耳目口鼻)를 펼친 상태에서, 척추를 중심으로 좌우 방향으로 소용돌이 형태로 회전하며 몸을 활짝 펼치며 움직이는 방식으로 수련하는 것이다. 만일 소용돌이 원리가 아니고 추나요법 등으로 찌그러진 부분에 직접 충격을 가하여 그 부분을 고치려고 하면, 그 충격에 의해 척추 등에 심한 손상을 입게 되므로 주의해야 한다.

소용돌이 원리로 수련을 지속하면, 기본적으로 이완된 복부·가슴·횡격막·어깨·목의 공기 흡입력이 강해지므로, 폐활량이 증가하여 폐호흡으로 더 많은 산소가 혈액의 적혈구로 전달되므로 생명력이 강해진다.

정말 중요한 것은, 소용돌이 원리로 수련을 지속하면, 하단전·중단전·상단전의 구심력이 강해진다는 것이다. 구심력이 강해진 하단전·중단전·상단전은 강력한 구심력으로 코와 독맥을 통해 공기를 끌어당겨 호흡하게 되는데, 이를 단전호흡이라고 한다. 폐호흡과 단전호흡이 원활하게 이루어질 경우, 그 비율은 4:6으로 단전호흡으로 더 많은 공기를 호흡하게 된다. 또한, 구심력이 강해진 하단전·중단전·상단전은 더 많은 생각 생명력을 끌어당기게 된다. 이제 하단전·중단전·상단전은 끌어당긴 공기와 생각 생명력을, 단전에서 몸 전체로 발산하는데, 몸을 구성하는 모든 세포는 그 에너지로 살아가게 된다. 이제 일반 세포뿐 아니라 적혈구가 존재하지 않는 림프액 등의 각종 체액으로도 많은 양의 공기와 생각 생명력이 전달된다. 따라서 서혜부·흉선·갑상선·편도·액와 림프절 등에 정체된 노폐물은 가래와 콧물로 배출되고, 인체의 부분과 부분을 구획하는 각종 막과 피부를 구성하는 세포들이 정화되므로 육체의 생명력이 강해진다. 그러나 하단전·중단전·상단전의 구심력이 약해 공기와 생각 생명력을 끌어당겨 발산하지 못하면, 적혈구가 없는 림프액 등의 체액에 의존하는 세포들은 산소 등의 생명력 부족으로 인해 생명력이 약해져 경직되어 쪼그라지므로, 몸은 빠르게 노화된다.

하단전·중단전·상단전이 반듯하게 정렬되어 제자리에 자리 잡으면, 척추는 반듯하게 정렬되어 경추 1번부터 천골에 이르기까지 척추를 구성하는 모든 뼈대 하나하나를 느낄 수 있게 되고, 현빈곡(등골짜기)이 등의 중심부에 깊고 넓게 형성된다. 또한, 발뒤꿈치의 각질부터 정수리의 피부에 이르기까지 경직된 부분은 이완되고, 늘어진 부분은 탄력을 되찾게 되며, 몸의 좌우가 대칭을 이루므로 쇄골과 이목구비는 물론 이마의 주름살도 좌우가 대칭을 이루며 반듯해지고, 정유육계(頂有肉髻, 정수리)가 바로 서게 된다. 이제 소용돌이 형태로 반듯하게 가부좌를 틀고 앉을 수 있게 되고, 전후좌우로 치우치지 않고 반듯하게 설 수 있게 되며, 몸 전체가 일체화되어 오금을 펴고 반듯하게 걸을 수 있게 된다. 또한, 맑고 강한 목소리를 낼 수 있게 되고, 하단전·중단전·상단전의 생명력이 독맥을 통해 전달되므로 힘들이지 않고 공명을 일으키며 노래할 수 있게 된다. 이렇게 육체가 반듯한 소용돌이 형태로 존재하면, 태풍의 위·아래로 바람이 순환하는 것처럼, 소용돌이 원리에 의해 생명력은 경락을 따라 몸 전체를 원활히 순환하고, 그에 따라 혈액도 원활히 순환하므로, 독맥(督脈)과 임맥(任脈)이 열리면서 육체의 생명력은 획기적으로 강해진다.

소용돌이 원리로 수련을 계속하면, 하단전·중단전·상단전을 이어주는 중심축이 강해지고, 경직된 근육과 신경은 이완되며, 제자리를 벗어난 뼈대는 서서히 제자리로 돌아오면서 하단전·중단전·상단전의 순서로 제자리를 찾게 된다. 하단전이 제자리를 찾으면 골반 아래쪽의 하체가 자유로워지고, 중단전이 제자리를 찾으면 어깨와 팔이 자유로워지며, 상단전이 제자리를 찾으면 이목구비(耳目口鼻)가 편안하고 반듯해진다.

이렇게 하단전·중단전·상단전을 정렬하는 방법의 핵심만을 간략하게 기술했지만, 인간의 육체는 이 세상에 존재하는 그 무엇보다 고차원적이고 복잡하며 오묘하고 실체적인 창조물이다. 따라서 찌그러진 육체를 반듯하게 정렬하는 모든 원리와 방법을 이곳에 적는 것은 불가능하다. 따라서 찌그러진 육체를 반듯하게 정렬하는 지식을 이해하려면, 먼저 자신의 기존 관념을 모두 내려놓은 상태에서, 체험을 통해 육체를 펼치는 지식을 얻은 지혜로운 스승의 지도를 따르는 것이 반드시 필요하다.

하단전·중단전·상단전을 축으로 육체가 반듯한 소용돌이 형태로 하나로 통합되면, 비로소 모든 감각기관이 바르게 작동하므로 바르게 보고 바르게 듣고 바르게 냄새 맡고 바르게 맛보고 바르게 촉감을 느낄 수 있게 된다. 따라서 바르게 생각하므로 올바른 견해(正見)를 지니고 깨닫게 된다. 그러나 육체가 찌그러지면, 감각기관과 신경조직과 두뇌가 비정상적으로 작동하므로 자신의 육체를 비롯한 모든 사물을 바르게 인식하는 것이 불가능하므로, 그런 상태에서 올바른 생각과 견해와 깨달음이란 있을 수 없다.

하단전·중단전·상단전이 바르게 정렬되면, 비로소 육체는 독존적인 생명체로서 소용돌이 형태로 존재하고 소용돌이 원리로 작동하며, 우주의 생각 생명력을 효율적으로 끌어당겨 발산하게 된다. 이제 육체를 구성하는 모든 세포의 생명력 파동은 육체의 생명력 파동으로 하나로 통합되고, 육체의 생명력 파동은 지구와 우주의 생명력 파동과 하나로 공명하며 진동하므로 육체와 우주는 하나로 존재하게 된다. 따라서 육체의 생명력은 획기적으로 강해진다. 여기서 인간의 생명력이 더 강해지려면 하단전 · 중단전 · 상단전의 구심력이 훨씬 더 강해져야한다.

신이 되는 지식

　하단전의 구심력이 훨씬 더 강해지려면, 하단전에 단(丹)이 형성되어야 한다. 단은 강력한 생명력의 덩어리로서 건강을 상징한다. 생명력이 응집된 단이 하단전에 자리 잡으면, 하단전의 생명력은 훨씬 더 강해지며 육체는 건강하고 힘이 강해진다. 하단전에 단이 형성되려면, 호흡과 함께 하단전을 중심으로 육체를 소용돌이 원리로 더욱더 강력하게 수련하는 것이 필요하다. 단단하고 강인한 하체가 자리 잡게 하고, 유연하고 강인한 엉덩이 · 서혜부 · 허벅지 · 등 · 배(특히 엉덩이와 서혜부)의 근육들이 하단전을 수레바퀴의 바퀴통처럼 소용돌이 형태로 감싸게 하며, 모든 신경과 근육과 뼈대가 일체화하여 작동하도록 육체를 소용돌이 원리로 수련하면 된다. 이렇게 수련을 계속하면, 중력에 의해 하체는 강하고 단단해지고 상체는 부드럽고 유연해지면서, 단단한 단이 하단전에 서서히 형성되는 것을 느끼게 된다.

하단전에 단이 형성되어 생명력이 훨씬 더 강해지면, 단은 육체의 생명력을 강하게 증폭하여 발산하고, 육체는 단에 의해 작동하게 된다. 이제 단은 몸 전체를 유기적으로 작동시켜, 단의 움직임에 따라 좌우 허파와 하단전·중단전·상단전으로 저절로 공기가 들어오고 나가게 하므로 억지로 호흡하지 않게 된다. 또한, 단에 의해 팔·다리가 움직이며, 걷고 달리고, 골프스윙을 하며, 글씨를 쓰고, 숟가락질하게 되는데, 이는 태양의 구심력에 의해 행성들이 회전하는 것처럼 몸의 모든 부분이 단을 중심으로 유기적 일체로 작동하기 때문이다. 이렇게 단이 드러나면, 하단전의 생명력은 훨씬 더 강해진다.

중단전의 구심력이 훨씬 더 강해지려면, 마음을 구성하는 요소 중 가장 생명력이 강한 요소가 중단전에 자리 잡아야 한다. 마음은 사랑·두려움·미움·증오·기쁨·슬픔 등의 수많은 감정으로 이루어진 감정체다. 마음을 구성하는 수많은 감정 중 가장 강력한 생명력을 지닌 감정은 사랑(자비)이다. 사랑이 가장 강력한 생명력인 이유는, 사랑의 파동은 모든 감정의 파동을 포괄하기 때문이다. 따라서 사랑이 확고하게 중단전에 자리잡으면, 미네랄밸런스 파동이 모든 미네랄 원소의 파동을 포괄하는 것처럼, 모든 감정의 파동은 사랑의 파동으로 포괄되고, 사랑의 파동으로 드러나게 된다. 따라서 분노·증오·질투를 비롯한 모든 감정은 강력한 사랑을 밑바탕에 깔고 표현되고, 사랑의 대척점에 존재하는 두려움은 사랑으로 녹아내리게 된다. 이제 그리스도의 분노가 사랑의 표현이듯이, 평화·기쁨·용서 등의 긍정적 감정뿐만 아니라, 증오·질투·복수 등의 부정적 감정도 사랑의 다양한 표현방식이 된다. 이렇게 모든 감정이 사랑으로 드러나려면, 분노·절망·기쁨·슬픔·시기·질투·용서·행복·수치심·두려움·그리움·미움·증오·비참함 등등의 그 모든 감정을 삶의 경험을 통해 이해하고 깊이 느껴 그 느낌이 혼(魂)에 기록되어야만 한다. 그래서 영혼은 모든 감정을 체험으로 이해하고 그 느낌을 혼에 기억하기 위해, 육체라는 허울을 수없이 바꿔쓰며 물질 세상을 체험한다.

사랑으로 중단전의 생명력이 강해지면, 혼이 드러나게 된다. 혼은 심장의 옆, 가슴의 한가운데에 존재하는 사랑의 파동이 응축된 빛의 알갱이다. 혼이 드러나려면, 하나님처럼 먼저 자기 자신부터 지극히 사랑해야 한다. 사랑으로 존재하는 자기 자신을 이해하고 용서하며 한없이 사랑하면 된다. 이렇게 자기 자신을 이해하고 진정으로 깊이 사랑하면, 내 앞에 누가 있든 자기 자신을 사랑하는 것처럼 그들도 깊이 사랑하게 되고, 모든 생명을 포용하며 혼이 드러나게 된다. 혼은 하나님의 분신이다. 하나님은 선·악을 구분하지 않고 햇살을 비추고 비를 내려주며 공기를 숨 쉬게 한다. 모든 것은 생명력인 하나님을 재료로 창조된 하나님 자신이므로, 하나님은 선·악을 분별하여 차별할 수 없기 때문이다. 그러므로 혼이 드러난 인간도 세상을 나누고 구분하고 차별하지 않고 모든 생명을 끌어안고 하나님처럼 사랑하게 된다. 이처럼 사랑이 깊고 광대해질수록 혼은 또렷해지고, 중단전에서 발산하는 강력한 사랑의 파동(자기장)이 온몸을 휘감게 되므로, 중단전의 구심력은 훨씬 더 강해진다.

상단전의 구심력이 훨씬 더 강해지려면, 영적인 요소 중에서 가장 생명력이 강한 요소가 상단전에 자리 잡아야 한다. 영적인 요소 중에서 가장 생명력이 강한 요소는 생각이다. 생각은 가장 높은 차원의 생명력으로서 창조의 근원적인 힘이기 때문이다. 생각이 창조의 근원적인 힘이라는 것은, '모든 것은 오직 마음이 지어낸다(일체유심조, 一切唯心造)'라고 가르친 붓다에 의해 이미 수천 년 전부터 설파되었고, 관찰자의 존재(생각)에 따라 파동이 입자화하며 물질이 창조된다는 양자역학(量子力學)에 의해 입증되었다.

생각 차원은 파동으로만 존재하고, 생각을 제외한 빛·전자기·원소·물질 차원은 파동성과 입자성을 동시에 지닌다. 빛·전자기·원소·물질 차원으로 내려갈수록 입자성이 강해지고, 반대 방향으로 올라갈수록 파동성이 강해진다. 그래서 파동성이 강한 광자나 전자 등의 미립자의 세계에서는 양자역학적인 현상이 강하게 나타나지만, 입자성이 강한 물질 차원은 고전 역학적으로 작동한다. 파동으로만 존재하고 속도가 없는 생각 차원은 양자역학적(양자중첩, 양자붕괴, 양자얽힘, 양자도약 등)인 현상은 더 빠르고 명확하게 구현된다. 따라서 생각 차원에서 모든 가능성은 중첩되어 동시에 존재하다가, 우리가 생각함으로써 선택하는 순간 붕괴하며 그것으로 창조된다. 이렇게 우리는 생각으로 가장 높은 차원인 생각의 파동을 입자화하는 방식으로 창조의 방아쇠를 당긴다. 또한, 모든 양자는 수많은 단

계로 서로 얽혀 존재한다. 생각의 파동으로 그물처럼 연결된 양자들은 화엄경의 인드라망(indrjala)의 구슬처럼 서로서로 비추며 얽혀있는 것이다. 그러므로 단 하나의 양자 상태의 변화에 우주의 모든 양자가 동시에 반응하는데, 이런 방식으로 전체 우주는 동시에 하나로 작동한다. 따라서 생각 차원에서 전체는 부분으로, 부분은 전체로 존재하게 된다.

생각은 바다를 가득 채운 바닷물처럼, 우주의 모든 시공을 가득 채우고 있는 우주의 바탕이다. 생각은 파동으로만 존재하고 질량이 없으므로 속도가 존재하지 않는다. 따라서 생각은 생각하는 동시에 시공간을 초월하여 그곳에 있게 된다. 그런 생각을 빛 차원에서 관찰하면 그 속도가 무한대인 것처럼 보이는데, 이는 생각 차원과 빛 차원 사이에는 차원의 한계가 존재하기 때문이다. 같은 이치로 물질 차원에 광속불변(光束不變)의 원칙이 존재하는 것도, 빛 차원과 물질 차원 사이에 차원의 한계가 존재하기 때문이다. 무한한 우주는 생각 생명력으로 작동한다. 만일 우주가 빛과 전파로 작동하면, 생명체인 우주의 왼쪽 부분의 정보가 오른쪽 부분에 도달하려면 수백억 년이 걸리므로 전체 우주가 하나로 조화롭게 작동하는 것은 물론, 하나의 은하계가 완벽한 대칭형으로 작동하는 것도 불가능하다. 평범한 은하인 우리 은하계도 빛이 관통하려면 십만 년 이상의 시간이 걸리기 때문이다.

신으로서 빛 차원과 생각 차원을 자유로이 넘나들고, 모든 것을 자유로이 창조하려면 어떻게 해야 할까? 생명력의 진동수를 조율하면 된다. 왜냐하면, 모든 것은 응축된 생각 생명력이기 때문이다. 따라서 진동수가 낮은 육체의 진동수를 높이면, 육체는 빛으로 되었다가 생각으로 드러나므로 빛과 생각 차원을 자유롭게 넘나들게 된다. 또한, 생각을 취해 생각의 진동수를 낮추며 확장하면, 생각은 빛으로 되었다가 물질로 드러나므로 원하는 현실을 자유로이 창조하게 된다. 이렇게 생명력을 자유자재로 조율하려면, 상단전의 구심력(생명력)이 훨씬 더 강해져야 하고 상단전의 구심력이 훨씬 더 강해지려면, 가장 높은 주파수대의 생각들이 상단전에 자리 잡아야 한다.

무한한 생각의 바다는 하나님의 마음이다. 생각의 바닷물에는 우주 창조로부터 지금까지의 모든 지식이 하나님의 생각으로 존재한다. 생각은 해류가 흐르는 것처럼 우주를 가득 채우고 끊임없이 흐른다. 빛나는 아우라(Aura)로 인간의 육체를 감싸고 있는 영(靈)은 생각의 바다에서 흘러드는 모든 생각을 받아들인다. 하지만 인간의 두뇌는 영이 받아들인 다양한 주파수대의 생각 중 두뇌의 활성화된 부분이 처리할 수 있는 주파수대의 생각만을 받아들이고, 다른 주파수대의 생각은 튕겨낸다. 예를 들어 좌뇌만 활성화된 사람의 두뇌는, 좌뇌가 처리할 수 있는 낮은 주파수대의 생각들만 받아들이고, 우뇌를 비롯한 활성화되지 않은 두뇌의 다른 부분들이 처리할 수 있는 높은 주파수대의 생각은 거부하는 것이다. 그리고 받아들인 생각을 응축·증폭·저장하여 자기의 생명력으로 사용하는 동시에, 그 생각을 발산하여 생각의 바다로 돌려보냄으로써 모든 생명체를 부양하는 에너지로 쓰게 한다. 이렇게 두뇌의 낮은 주파수대의 생각들을 받아들여 증폭하고 저장하는 부분만 활성화되면, 높은 주파수대의 생각들은 튕겨 나가고 낮은 주파수대의 생각들이 상단전에 자리 잡게 되므로 상단전의 생명력은 약해진다. 그러나 모든 부분이 활성화된 사람의 두뇌는, 모든 주파수대의 생각들을 받아들이게 되고, 그중 가장 높은 주파수대의 생각들이 저절로 상단전에 자리 잡게 되므로 상단전의 생명력은 강해진다.

높은 주파수대의 생각들로 이루어진 의식은 '신 의식'이다. 신 의식은 가장 높고 빠른 주파수대인 있음 · 존재 · 생명 · 조화 · 하나 됨 · 사랑 · 기쁨 · 진리 · 자유 등의 순수하고 통합적이며 천재적인 생각들로 이루어진 의식이다. 그중에도 '나는 무한하고 영원한 생명력의 정수인 하나님이다'라는 생각을 중심으로 결집한 의식은 가장 높은 주파수대의 가장 강력한 신 의식이다. 단, 여기의 하나님은 '생명력인 하나님'으로 종교의 하나님과는 다르다. 인간이 만든 종교는 하나님을 이원론적(二元論的)이고 제한적이며 폐쇄적이고 비천한 존재로 창조함으로써, 인간을 더욱더 추락한 존재로 만들었기 때문이다. 그러므로 아무런 의심함이 없이 자신이 고귀하고 위대하며 자유롭고 무한하며 영원한 생명력인 하나님이라는 의식이 상단전에 자리 잡으면, 상단전의 구심력은 가장 강해진다.

낮은 주파수대의 생각들로 이루어진 의식은 '집단의식'이다. 집단의식은 제한적이고 비판적이며 거친 생각들로 이루어진 분열된 의식으로, 두려움 · 비판 · 생존이 그 교리다. 집단의식은 '종교의식'과 '사회의식'으로 나누어 볼 수 있다. 교리와 맹목적인 신앙에 빠져 '자신을 제한적이고 일시적인 존재'라 여기고, '하나님과 인간은 구별되는 존재'라 여기며, 지옥·원죄·심판으로 이루어진 의식은 낮은 주파수대의 생각들로 이루어진 종교의식이다. 이런 종교의식을 맹목적으로 추종하면 두려움, 죄책감, 자기비판에 빠지게 되고, 인간과 하나님은 하나의 생명력이라는 하나의 법칙을 위반하게 된다. 그러므로 생명력이 약한 낮은 주파수대의 생각들만 받아들이게 되므로 상단전의 생명력은 약해진다.

그리고 죽음은 필연적이라며 죽음에 대한 두려움이 삶에 대한 기대보다 훨씬 더 강하면, 사랑·행복·기쁨을 거부하고, 시간의 노예가 되어 시간을 전적으로 숭배하며, 두려움으로 서로를 받아들이지 않고, 스스로 비판하고 심판함으로써 자신을 제한하고 속박하며, 질병·노화·돈·유행·미모·직업·출세·비교·나이 등의 생각으로 가득한 의식은 사회의식이다. 이런 사회의식이 상단전에 자리 잡으면, 두뇌는 생명력이 약한 낮은 주파수대의 생각들만 받아들이게 되므로 상단전의 생명력은 약해진다.

집단의식을 신 의식으로 바꾸려면 어떻게 해야 할까?

뇌하수체를 활성화해야 한다. 뇌하수체가 활성화되면 송과샘이 활성화되고 두뇌의 모든 부위도 활성화되므로, 높은 주파수대의 신 의식을 구성하는 생각들이 무한히 두뇌로 들어오기 때문이다. 뇌하수체를 활성화하려면 신이 되려는 욕구를 가져야 한다. 신이 되려는 욕구는, 자신의 생각을 즉시 현실로 드러나게 하려는 것이다. 자신이 생각한 대로 이루어지는 것을 당연하게 여기고 받아들이는 것은, 신이 되려는 욕구의 표현이다. 또한, 신이 되려는 욕구는, 자신의 전부를 사랑하고 받아들이는 것이다. 자신의 전부를 사랑하고 받아들이면, 다른 사람을 의식하지 않게 되고 시간의 환영을 넘어서게 되므로, 오로지 자아의 충만함을 위해 내면의 소리만 듣고 기쁨의 길만 걷게 되는데, 그 길에는 존재하는 모든 것에 대한 앎이 펼쳐지기 때문이다. 따라서 자신의 전부를 사랑하고 받아들임으로써 모든 것을 알고자 하는 것은, 신이 되려는 욕구의 표현이다. 그리고 신이 되려는 욕구는, 모든 것의 있음이 되고자 하는 것이다. 모든 것의 있음이 되고자 하는 것은, 전체인 하나님과 하나로 존재하려는 것으로 신이 되려는 욕구의 표현이다. 그러므로 자신의 생각한 대로 이루어지게 하고, 자신의 전부를 사랑하고 받아들이려 하며, 모든 것인 하나님과 하나로 존재하려는 것은, 신이 되고자 하는 욕구를 말과 행동으로 선언하는 것이다. 이렇게 신이 되고자 하는 욕구를 선언하면, 혼은 가장 높은 주파수대의 생각을 받아들이는 두뇌 부분을 활성화할 필요성을 느끼게 되므로, 뇌하수체와 송과샘에게 호르몬 분비 통로를 열어 젊음의 호르몬을 분비하도록 명령하게 된다. 혼의 지시를 받은 뇌하수체와 송과샘은 젊음의 호르몬을 분비하고, 젊음의 호르몬에 의해 잠자고 있던 두뇌의 높은 주파수대의 생각을 받아들이는 부분은 활성화된다. 이제 활성화된 두뇌로 가장 높은 주파수대의 생각이 들어오고, 그렇게 들어온 가장 높은 주파수대의 생각에 의해 뇌하수체와 송과샘은 더욱더 빠르게 활성화된다.

활성화된 뇌하수체와 송과샘은 젊음의 호르몬을 더욱더 조화롭게 분비하고, 젊음의 호르몬은 두뇌와 몸 전체를 활성화한다. 두뇌와 몸 전체가 활성화되면, 하단전 · 중단전 · 상단전의 생명력은 최대치로 강해지고, 인간의 본질이 명확히 드러나게 된다. 인간의 본질은 영혼이고, 영혼은 신의 다른 이름이다. 따라서 생명력이 최대치로 강해져 내면의 신성이 드러난 인간은 신으로 진화하게 된다. 신은 생명력의 정수이자, 생명력이 작동하는 근본원리다. 하나의 법칙, 끌어당김의 원리, 소용돌이 원리, 미네랄밸런스 파동, 양자역학 등의 생명력이 작동하는 근본원리가 곧 신이자 하나님이다. 따라서 신이 된 인간은 생명력의 근본원리로서, 생각으로 원하는 대로 모든 것을 끌어당겨 창조하고, 생각으로 서로 소통하며, 생각한 대로 즉시 체험하게 된다. 또한, 물질과 육체의 생명력 파동 주파수를 자유자재로 조율하게 된다. 생각을 숙고하여 주파수를 느리게 함으로써 현실을 창조하거나, 반대로 생각으로 육체의 진동수를 빠르게 함으로써 빛 또는 생각으로 존재의 상태를 변경할 수 있게 된다. 따라서 육체에 속박된 영혼을 자유자재로 분리하여 영혼으로 여행하거나, 육체를 생각처럼 빠르게 진동하게 하여 생각의 속도로 보이는 세계와 보이지 않는 세계를 육체와 함께 여행하게 된다. 그러므로 신이 된 인간은 알고 싶던 모든 것을 알게 되고, 하고 싶은 모든 것을 하게 되며, 되고 싶은 어떤 것이라도 된다. 당연히 신이 된 인간은 노화 · 질병 · 죽음은 물론, 자기 자신도 정복하므로 무한한 자유 · 무한한 기쁨 · 무한한 삶을 체험하게 된다.

이렇게 세포와 육체의 생명력이 강해지면, 인간은 죽음을 초월한 신으로 진화하게 된다. 하지만 인간이 신으로 진화할 정도로 생명력이 강해지려면, 인간을 포괄하는 국가의 생명력도 강해져야 한다. 만일 국가의 생명력이 약하면, 전쟁 · 독재 · 기아 · 가난 등으로 물질적 삶이 불안정하므로, 인간이 신으로 진화할 정도로 생명력이 강해지기는 어렵기 때문이다. 그러므로 국가의 생명력이 강해지게 하는 지식도 반드시 알아야 할 신들의 지식이다.

제4장

국가 생명력

소용돌이 형태로 존재하는 국가권력 구조를 만들려면, 수레바퀴 형태로 국가권력 구조를 창설하면 된다. 수레바퀴는 인간이 창안한 가장 단순한 소용돌이 형태의 구조물로서, 그 한가운데에 중심축이라는 핵과, 바퀴통·바퀴살·바퀴테라는 주변이 대칭형으로 존재하는 구조이기 때문이다. 그러므로 수레바퀴에서 특정한 부분이 담당하는 기능을, 국가권력 구조에서 같은 부분에 해당하는 국가권력이 같은 기능을 담당하도록 헌법으로 규정하면, 소용돌이 형태의 국가권력 구조는 만들어진다.

소용돌이 형태의 국가

국가는 하나의 독존적인 생명체다. 국가는 수많은 국민으로 이루어진다. 수많은 세포가 하나의 시스템으로 조화를 이루어 몸이라는 독존적인 생명체를 창조하듯이, 수많은 사람은 하나의 시스템으로 조화를 이루어 국가라는 독존적인 생명체를 창조한다.

국가는 수많은 국민을 포괄한다. 그것은 몸이 수많은 세포를 포괄하는 것과 같다. 따라서 몸 생명력의 강·약에 따라 수많은 세포의 생명력이 강해지거나 약해지는 것처럼, 국가 생명력의 강·약에 따라 국가에 속한 수많은 국민의 생명력도 강해지거나 약해진다.

국가 생명력이 강해지려면, 국가가 소용돌이 형태로 존재하고 소용돌이 원리로 작동해야 한다. 국가가 반듯한 소용돌이 형태일수록 소용돌이 원리는 효율적으로 작동하므로, 국가의 엔트로피는 낮아지고, 생명력은 강해진다. 그러나 국가가 찌그러진 형태일수록 소용돌이 원리는 비효율적으로 작동하므로 엔트로피는 높아지고, 생명력은 약해진다.

소용돌이 원리가 비효율적으로 작동하여 생명력이 약한 국가는, 국가적 엔트로피가 증가하며 분열되어 찌그러지는데, 이를 국가 차원의 노화와 질병이라고 한다. 국가 차원의 노화는 시간에 의해, 질병은 내부의 분열하려는 세력의 원심력에 의해, 국가의 엔트로피가 높아지며 찌그러지는 현상이다. 노화와 질병에 의해 국가가 분열되어 찌그러지면, 엔트로피는 더 높아지고, 더 심하게 분열되어 찌그러지는 악순환에 빠져, 결국 생명력이 완전히 사라지며 국가는 분해되며 멸망하는데, 그것이 국가 차원의 죽음이다. 국가가 죽으면, 그 국가를 구성하는 국민의 생명력은 엄청나게 약해진다.

국가의 형태와 작동방식은 국가권력 구조에 의해 결정된다. 따라서 국가권력 구조가 소용돌이 형태이면, 국가는 소용돌이 형태로 존재하고, 소용돌이 원리로 작동하게 된다. 헌법은 국가권력 구조의 형태와 작동방식을 규정하는 기본법이다. 그러므로 헌법으로 국가권력 구조를 소용돌이 형태로 설계하고 소용돌이 원리로 작동하도록 규정하면, 국가의 생명력은 강해진다.

소용돌이 형태의 핵심은, 가장 생명력이 강한 요소들은 핵에, 약한 생명력을 지닌 요소들은 주변에 대칭형으로 존재하는 것이다. 국가권력 구조를 구성하는 요소 중 가장 생명력이 강한 요소는 국민이다. 왜냐하면, 국가의 존재 이유는 국민이고, 모든 권력의 원천도 국민이며, 국가의 최초이자 최종적인 의사결정도 국민만이 할 수 있고, 국민만이 국가의 주인으로서 주인의 권리(主權)를 행사할 수 있기 때문이다. 그러므로 국가가 소용돌이 형태로 존재하려면, 국가권력 구조의 핵에 국민이 자리 잡게 하고, 국민의 주변에 그 이외의 권력들이 대칭형으로 자리 잡도록 헌법으로 규정해야 한다. 만일 헌법이 국민 이외의 권력자(대통령, 의회 등)나 정당을 국가권력 구조의 핵에 자리 잡게 하고, 국가의 형태를 찌그러지도록 규정하면, 국가는 소용돌이 원리로 작동할 수 없으므로 국가의 생명력은 약해지게 된다.

소용돌이 형태로 존재하는 국가권력 구조를 만들려면, 수레바퀴 형태로 국가권력 구조를 창설하면 된다. 수레바퀴는 인간이 창안한 가장 단순한 소용돌이 형태의 구조물로서, 그 한가운데에 중심축이라는 핵과, 바퀴통·바퀴살·바퀴테라는 주변이 대칭형으로 존재하는 구조이기 때문이다. 그러므로 수레바퀴에서 특정한 부분이 담당하는 기능을, 국가권력 구조에서 같은 부분에 해당하는 국가권력이 같은 기능을 담당하도록 헌법으로 규정하면, 소용돌이 형태의 국가권력 구조는 만들어진다.

〈그림 37〉처럼 헌법으로 국가권력을 수레바퀴 형태로 배치한 후, 국가권력 구조의 바퀴통권력(이하 "바퀴통권력"이라 한다)은 수레바퀴의 바퀴통의 역할을, 바퀴살권력(이하 "바퀴살권력"이라 한다)은 바퀴살 역할을, 바퀴테권력(이하 "바퀴테권력"이라 한다)은 바퀴테 역할을 담당하도록 국가권력 구조를 배치하고, 국민은 수레바퀴의 핵인 중심축의 역할을 담당하도록 국가권력 구조를 배치하면 수레바퀴 형태의 국가권력 구조는 완성된다.

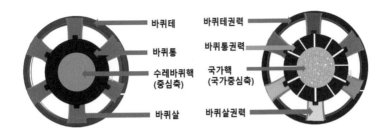

바퀴테

바퀴통

수레바퀴핵
(중심축)

바퀴살

바퀴테권력

바퀴통권력

국가핵
(국가중심축)

바퀴살권력

그림 37 수레바퀴의 구조와 수레바퀴 형태의 국가권력 구조

수레바퀴 형태의 국가권력 구조를 창조하는 순서는, 첫째,
〈그림 38〉의 1처럼 수레바퀴의 바퀴통의 역할을 담당하는 국
가권력을 수레바퀴의 바퀴통처럼 가운데가 텅 빈 둥근 원의 형
태로 배치하고, 둘째, 〈그림 38〉의 2처럼 바퀴살 역할을 담당
하는 국가권력을 바퀴통권력의 주변에 수레바퀴의 바퀴살처럼
대칭형으로 배치하며, 셋째, 〈그림 38〉의 3처럼 바퀴테 역할을
담당하는 국가권력을 바퀴살권력의 주변에 수레바퀴의 바퀴테
처럼 국가권력 구조 전체를 감싸는 형태로 배치한 후, 마지막
으로 〈그림 38〉의 4처럼 국민이 수레바퀴의 중심축처럼 국가
의 핵으로 자리 잡도록 헌법으로 규정하면 된다.

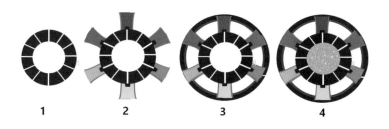

그림 38 수레바퀴 형태의 국가권력 구조가 만들어지는 순서

수레바퀴 형태의 국가권력 구조를 창설하는 과정과 원리를 조금 더 구체적으로 살펴보면,

첫째, 〈그림 38〉의 1과 같은 형태로 바퀴통권력을 창설해야 한다. 바퀴통권력은 국가권력 구조의 한가운데에서 바퀴살권력들을 하나로 묶어주고, 그 중심에 국민이 국가핵으로 자리 잡게 하여 국가핵을 보위하며, 국가핵이 이끄는 방향으로 국가권력을 작동시킨다. 그러므로 바퀴통권력은 국가핵으로부터 가해지는 압력을 감당하는 동시에 바퀴살권력들을 통해 전달되는 외부세계의 충격도 이겨내야 하므로 매우 튼튼해야 한다. 또한, 바퀴통권력의 한가운데에는 텅 빈 구멍이 존재하여, 그곳에 국가핵이 자리 잡을 수 있어야 한다.

바퀴통권력이 튼튼하려면, 국가핵이 바퀴통권력에 가장 크고 많은 양의 국가권력을 위임하고, 국가를 분열시키는 요소가 바퀴통 권력에 개입할 수 없도록 헌법으로 규정하면 된다. 국가핵으로부터 바퀴통 권력이 가장 크고 많은 권력을 위임받는다는 것은 바퀴통 권력이 국가핵 다음으로 높고 강한 권력자라는 의미이다. 그리고 국가를 분열시키는 요소가 바퀴통 권력에 개입할 수 없도록 하는 것은, 바퀴통 권력은 어떤 경우에도 분열되어서는 안 된다는 것을 의미한다. 바퀴통 권력이 분열하는 순간 국민과 국가 전체가 분열하며 붕괴하기 때문이다.

바퀴통권력의 한가운데에 권력이 텅 빈 부분이 존재하려면, 바퀴통권력에 구멍을 뚫어야 한다. 바퀴통권력의 한가운데에 구멍이 뚫려 텅 비었다는 것은, 그곳은 국가핵 이외의 다른 권력이 존재하지 않는 '권력의 진공상태'임을 의미한다. 바퀴통권력에 구멍을 뚫어 권력의 진공상태를 창조하려면, 〈그림 38〉의 1처럼 다수의 권력자로 바퀴통권력을 구성하고, 그들의 권력의 크기를 똑같이 하며, 그들이 공동으로 국가최고 권력을 행사하도록 헌법으로 규정하면 된다. 그렇게 하면, 바퀴통권력을 구성하는 다수의 권력자가 지닌 똑같은 크기의 권력들은 중심을 축으로 서로 대칭을 이루므로, 그 한가운데에는 같은 크기의 권력들이 서로 상쇄되어 권력이 텅 빈, 권력의 진공상태가 창조된다. 〈그림 38〉의 1은 바퀴통처럼 둥글게 배열된 12개의 똑같은 크기의 권력자들이 둥글게 배치되어 서로 대칭을 이룸으로써, 그 한가운데에 권력의 진공상태가 창조된 형태다.

둘째, 〈그림 38〉의 2처럼 대칭형으로 바퀴살권력들을 배치해야 한다. 바퀴살권력들은 바퀴통권력으로부터 사방으로 펼쳐져, 바퀴테권력과 하나로 연결되어야 하고, 그 크기는 똑같아야 하며, 바퀴통권력과 단단하게 결합하여야 하고, 튼튼해야 한다.

바퀴살권력들이 바퀴통권력으로부터 사방으로 펼쳐지려면, 바퀴통권력이 보유한 권력 중의 상당 부분을 여러 개로 나누어, 같은 수의 바퀴살권력들에 위임하도록 헌법으로 규정하면 된다. 이렇게 하면 바퀴살권력들은 사방으로 펼쳐져 모든 국가영역을 빠짐없이 관장하게 된다.

바퀴살권력들의 크기는 똑같아야 한다. 만일 바퀴살권력들의 크기가 서로 다르면, 국가권력 구조는 찌그러지므로 국가는 소용돌이 형태일 수 없다. 하지만 서로 다른 국가영역을 담당하는 바퀴살권력들은 성격이 서로 다르므로, 바퀴살권력들의 크기는 서로 다를 수밖에 없다. 이렇게 성격이 서로 다른 바퀴살권력들의 크기를 똑같이 하려면, 바퀴살권력들의 수장이 지닌 권력의 크기가 똑같도록 헌법으로 규정하면 된다. 바퀴살권력들의 수장이 지닌 권력의 크기가 똑같으면, 바퀴살권력들의 성격이 달라도 그 크기는 똑같아지기 때문이다.

바퀴통권력을 구성하는 다수의 권력자들은 공동으로 국가최고 권력을 행사하므로 그들이 지닌 권력의 크기는 똑같다. 따라서 〈그림 38〉의 2처럼 바퀴통권력을 구성하는 권력자들이 바퀴살권력들의 수장 역할을 하나씩 맡아 담당하도록 헌법으로 규정하면, 바퀴살권력들의 크기는 완전히 똑같아지게 된다. 또한, 〈그림 38〉의 2처럼 바퀴통권력을 구성하는 권력자들의 수(12)를 바퀴살권력들의 수(6)의 2배수로 선출하여, 남녀 2인 1조로 바퀴살권력의 수장 역할을 공동으로 수행하도록 헌법으로 규정하면, 바퀴살권력의 행사에 음양(陰陽)의 조화가 이루어지므로 바퀫살권력들은 더욱더 균형을 이루게 된다.

바퀴살권력들의 크기가 시간이 지나도 계속 똑같아지려면, 바퀴통권력을 구성하는 권력자들이 바퀴살권력들의 수장을 일정 기간씩 돌아가면서 맡도록 헌법으로 규정하면 된다. 이렇게 하면 수레바퀴가 굴러가듯이, 수레바퀴 형태의 국가권력 구조도 회전하여 소용돌이 원리로 작동하므로 시간이 지날수록 국가의 엔트로피는 낮아지고 생명력은 강해지게 된다. 또한, 바퀴통권력을 구성하는 권력자들이 남녀 2인 1조로 바퀴살권력의 수장을 맡는 경우, 남성과 여성의 회전 방향을 달리하면, 국가권력은 더욱더 조화와 균형을 유지하며 맷돌처럼 양방향으로 회전하므로 소용돌이 원리는 더욱더 효율적으로 작동하게 된다. 이처럼 국가권력이 회전하지 않으면, 권력자 개인의 능력이나 바퀴살권력의 성격에 따라 바퀴살권력들의 크기가 달라지므로 시간이 지날수록 국가권력 구조는 찌그러지고 엔트로피는 높아지게 된다.

셋째, <그림 38>의 3과 같은 형태로 바퀴테권력을 배치해야 한다. 수레바퀴 형태의 국가권력 구조의 외곽에 바퀴테권력을 배치하면, 국가권력으로 국가영역의 끝까지 빠짐없이 통할하게 된다. 바퀴테권력은 국가의 외곽을 구성하는 틀이므로 국가권력의 일선에서 국민 또는 외부세계와 직접 접촉하는 권력이다. 따라서 바퀴테권력은 외부세계로부터 국가를 수호하는 권력이자, 내부의 치안과 질서를 유지하는 권력이며, 국가중심체 · 바퀴살권력들과 일체가 되어 직접 국민과 접촉하는 권력이다.

바퀴테권력이 바퀴살권력들과 일체가 되어 하나로 작동하려면 바퀴살권력들과 바퀴테권력을 상명하복(上命下服)의 관계라는 점을 헌법에 명시하면 된다. 또한, 바퀴테권력이 공정성과 유연성을 겸비하게 하려면, 모든 권력자는 국민의 공복이라는 점을 헌법에 명시하고, 이를 위반하는 경우 엄정하게 책임을 묻는 동시에 적정한 범위에서 재량권을 인정하면 된다.

넷째, 바퀴통권력, 바퀴살권력들, 바퀴테권력이 제자리에 배치되면, 국가를 구성하는 모든 권력기관은 소용돌이 형태로 아귀가 딱 맞게 꽉 끼워져 단단하게 하나로 결합하므로 쉽게 찌그러지지 않는다. 이제 그 중심에 〈그림 38〉의 4처럼 국민이 국가핵에 자리 잡으면, 소용돌이 형태의 국가권력 구조는 완성되고, 국민은 국가의 핵이자 왕이고 주인으로서 국가권력을 작동시키게 된다.

　이렇게 소용돌이 형태로 국가권력 구조를 창조하면, 국가는
독존적인 생명체로서 강한 구심력을 발휘하게 된다. 또한, 국
가는 소용돌이 원리로 작동하므로 국가의 엔트로피는 낮게 유
지되고 생명력은 강하다. 따라서 국가의 생명력은 획기적으로
강해진다.

소용돌이 원리로 작동하는 국가

그림 39 소용돌이 형태 국가의 평면도

    수레바퀴 형태의 국가권력 구조에 편의상 〈그림 39〉처럼 바
퀴통권력은 국가중심체로, 6개의 바퀴살권력들은 국무 · 법
무 · 사법 · 문화 · 입법 · 경제로, 바퀴테권력은 공무원조직이라
고 이름을 붙였다. 그리고 하나로 통합되어 국가핵으로 존재하

는 국민은 다수의 노란색 점들로 이루어진 둥근 원으로 표현해 국가권력 구조의 평면도를 그려보았다. 국민은 국가핵에 자리 잡고, 12인의 국가중심인들로 구성된 국가중심체는 국가핵 주변을 수레바퀴의 바퀴통(핵막)처럼 감싼 형태로 자리 잡고 국가핵을 보위한다. 국가중심체의 주변에 국무 · 법무 · 사법 · 문화 · 입법 · 경제 등의 분립된 권력들이 정육각형 형태로 배치되고, 그 외곽은 공무원조직에 의해 지지되는 수레바퀴 형태다.

이렇게 12인의 국가중심인과 6개의 바퀴살권력들을 정육각형 (핵사곤, hexa-gon) 형태로 배치한 이유는 첫째, 핵사곤은 소용돌이 형태이므로 그 중심에 핵이 자리 잡으면, 우주의 생명력을 효율적으로 끌어당겨 응축하고 증폭하여 발산하므로 국가와 국민의 생명력이 강해지게 하고 둘째, 〈그림 40〉과 같이 핵사곤 형태는 수백 개의 정육각형 벌집들이 모여 거대한 하나의 벌집을 형성하며 조화

그림 40
정육각형 형태의 벌집 구조

롭게 존재하는 것처럼, 지구촌의 모든 국가가 모여 하나의 국가를 이루며 조화롭게 존재할 수 있는 구조이기 때문이다.

수레바퀴 형태의 국가권력 구조의 핵심은 국가핵과 국가중심체다. 이에 국가핵과 국가중심체가 구체적으로 작동하는 방식을 집중적으로 살펴보자.

국민은 국가의 핵이자 주인이고 왕으로서 국가의 주권을 행사한다. 국가핵은 국가중심인과 국회의원 선거권, 지방정부 구성권, 중요정책과 헌법개정에 대한 국민투표권, 국가중심인에 대한 탄핵결정권 등은 직접 행사하고, 나머지 권력은 국가중심체와 국회에 해당 선거의 유권자 수에 비례하는 만큼 위임하여 행사한다. 따라서 전체 국민이 12번의 직접선거로 선출한 12인의 국가중심인으로 구성된 국가중심체는, 전체 국민의 한 번의 선거로 선출한 300인의 국회의원으로 구성된 국회의 12배에 해당하는 권력을 위임받게 된다.

국가핵은 선거를 통해 임기 6년의 국가중심인을, 매년 남성 1인과 여성 1인을 동시에 선출하고. 그렇게 6년에 걸쳐 선출된

총 12인의 국가중심인으로 국가중심체를 구성한다. 국가 구심력은 국가핵과 국가중심체에서 발현한다. 따라서 국가 구심력이 강하려면, 국가를 분열시키는 요소가 국가중심인으로 선출되어 국가중심체의 구성원이 되는 것을 원천적으로 금지해야 한다.

정당은 국가를 분열시키는 바이러스 같은 존재다. 만일 정당이 국가중심체에 간여하게 되면, 국가는 뿌리부터 분열되므로 얼마 지나지 않아 망하게 된다. 따라서 정당설립의 자유는 보장하되, 정당 소속의 정치인은 국가중심인 선거 3년 이전에 탈당하여 정당과의 연관성이 완전히 배제되지 않으면 국가중심인으로 출마할 수 없음을 헌법으로 규정해야 한다. 또한, 정당의 구성원은 국회의원과 지방의회의원 이외의 국가 공직자로 활동할 수 없음을 규정함으로써 정당이 국가중심체에 간여할 가능성을 원천적으로 차단해야 한다.

국가핵은 국가중심체에 국가최고권력을 위임하고, 국가중심체를 통해 전체 국가권력을 작동시킨다. 국가핵은 1년에 2인의 국가중심인을 선출하는 것을 비롯한 국회의원 선출 등 모든 권력 행사를 선거를 통해 행사한다. 따라서 선거는 국가핵이 주권을 실질적으로 행사하는 가장 중요한 수단이다. 그러므로 부정선거가 행해지면 국민은 국가핵의 자리를 부정선거 주모자들에게 빼앗기게 되고, 국가핵의 구심력은 극도로 약해지며, 국가와 국민의 생명력도 약해진다. 따라서 국가핵의 구심력이 강해지려면, 단 한 표라도 부정선거가 끼어들 여지가 없어야 한다. 이에 소용돌이 헌법은 반드시 '피드백(feedback) 선거제도'를 채택해야 한다.

그림 41 피드백(feedback) 선거제도

피드백(feedback) 선거제도의 핵심은, 투표권을 행사한 국민 개개인이 자신이 행사한 표가 정상적으로 계수되는지를 확인할 권리와 비밀투표를 동시에 보장함으로써 국민의 투표가 왜곡되지 않도록 하는 것이다. 이를 위해 국민의 모든 투표는, 투표소에 비치되거나 개인이 소지한 SNS 기기의 앱(application)에서 엄격한 신원 확인 절차를 거쳐 전자투표로 행해지고, 해당 선거의 선거인명부는 미리 공개하여 국민과 국가중심체의 엄격한 검증을 받으며, 선거는 AI 컴퓨터에 의해 관리되고, 모든 국민은 자신이 행사한 표가 개표과정에 제대로 계수되는지를 확인할 권리가 있음을 규정한다. 또한, 이를 보장하기 위해 〈그림 41〉처럼 국민 개개인의 투표(In put)가 행해지는 즉시 AI 컴퓨터는 해당 투표자에게 해당 선거에서의 고유번호를 부여하는 동시에 '고유번호'와 '기표내용'이 기재된 '인증서'를 즉시 투표자에게 교부(Out put)하며, 투표 종료와 동시에 모든 고유번호별로 기표내용과 기권자 명부를 공개해야 함을 헌법으로 규정한다. 만일 인증서와 고유번호별 기표내용이 단 한 표라도 다른 경우 투표는 무효로 하고, 재선거를 시행하며, 관련자는 엄중한 책임을 지도록 한다. 이렇게 피드백 선거제도를 채택하면, 부정선거는 원천적으로 차단되므로 선거를 통해 국가핵으로서의 국민의 지위를 침탈당할 위험성은 사라지게 된다.

12인의 국가중심인은 국가중심체에서 동등한 권한을 가지며 협의체로 국가중심체를 운영하고, 국정 전반에 대해 공동으로 국가의사를 결정한다. 국가중심인은 국가중심체에 의안을 상정할 권한을 가지는데, 국정의 중요도에 따라 2인에서 5인의 국가중심인이 의안을 상정할 수 있음을 헌법에 규정한다. 국가중심인들은 6년 동안 남녀 2인 1조로, 남성은 법무총리·대법원장·문화총리·국회의장·경제총리·통령의 순으로, 여성은 그 역순으로 1년씩 돌아가며 차례대로 바퀴살권력들의 수장 직무를 수행한다. 그러므로 국가중심체와 바퀴살권력들은 12인의 국가중심인을 매개로 단단하게 하나로 통합되고, 바퀴살권력들은 국가중심체에 의해 완벽히 조율된다. 남녀 2인 1조로 바퀴살권력의 수장을 맡은 국가중심인들은, 해당 바퀴살권력의 업무에 대한 의사를 공동으로 결정하고. 두 국가중심인 사이에 의견이 일치하지 않으면, 국가중심체에서 결정하게 된다. 따라서 국가 모든 영역은 조화롭게 작동하게 된다.

국가중심체는 국가핵의 권력을 침해하는 내용을 제외한 국가의 모든 부분에서 최종적으로 국가의사를 결정할 권한을 가진다. 국가중심체의 의사결정은 바퀴살권력들은 물론이고, 모든 국가기관과 지방자치단체의 모든 결정에 우선한다. 물론 각각의 의사결정마다 의결정족수는 다르다. 일반적인 행정행위나

처분, 검찰의 공소권행사, 법원의 판결, 국회나 지방의회의 입법행위 등에 우선하는 결정을 하는 경우 서로 다른 의결정족수가 적용되는 것이다. 또한, 국가중심체는 바퀴살권력의 수장이나 지방자치단체장이 임명한 공직자라도 국가에 적합하지 않으면, 그 임기와는 상관없이 그 공무원을 교체할 수 있는 인사권도 지닌다. 따라서 국가중심체는 그야말로 국가최고 권력으로서 국가의 중심에서 국가의 모든 영역을 통할하게 된다.

국가중심체는 국가핵으로부터 위임받은 권력 중, 바퀴살권력들에 대한 통할권과 고위직에 대한 인사권과 탄핵결정권 등 국정과 관련하여 특히 중요한 사항은 12인의 국가중심인이 협의하여 직접 행사하고, 나머지 권력은 그 성격에 따라 국무·경제·입법·문화·사법·법무의 6개로 나누어 바퀴살권력들에 해당 권력을 재위임한다. 이런 방식으로 국민으로부터 방사된 권력은 국가중심체와 바퀴살권력들, 공무원조직에 이르기까지 모든 국가기관으로 순차적으로 퍼져나가므로 국가핵은 국가중심체를 비롯한 모든 국가권력을 빠짐없이 통할하게 된다.

이렇게 수레바퀴 형태의 국가권력 구조의 핵에 수많은 국민이 자리 잡으면, 하나로 통합된 국민의 생명력은 밸런스를 이루며 서로 보강간섭을 일으키므로 국가의 엔트로피는 낮게 유지되고, 국가 생명력은 엄청나게 강해진다. 따라서 국가 차원의 노화·질병·죽음은 일거에 사라지게 된다. 또한, 국가를 분열시키는 요소들인 정당, 노조와 그 외의 이기적인 집단들이 사라지고, 좌·우 이념이 사라지며, 지역감정이 사라지고, 종교에 따른 대립이 사라진다. 또한, 독재자가 출현할 수 없고, 어리석은 지도자로 인해 국가가 분열되거나 절망의 나락으로 떨어지지 않으며, 부정부패가 있을 수 없고, 국가권력이 서로 상충하여 대립하는 일이 발생하지 않게 된다.

신(神)들의 왕국

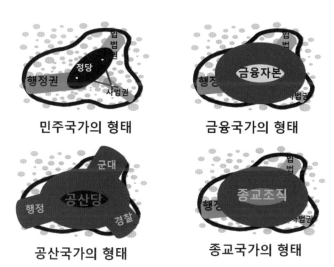

민주국가의 형태

금융국가의 형태

공산국가의 형태

종교국가의 형태

그림 42 찌그러져 경직된 형태의 국가들

현재 지구촌 모든 국가의 핵은 정당·공산당·금융자본·
종교조직·독재자 등이 장악하고 있고, 국민은 주변으로 밀려
나 권력에 짓눌린 상태로 존재하고 있다. 또한, 수레바퀴의 바

퀴살에 해당하는 분립된 권력들은 그 크기가 서로 달라 국가의 형태는 대칭성을 잃고 있다. 따라서 현재 지구촌에 존재하는 국가의 형태를 소용돌이 형태로 표현하면, 〈그림 42〉처럼 대칭성을 잃고 찌그러져 소용돌이 원리가 작동할 수 없는 상태다. 따라서 지구촌 모든 국가의 엔트로피는 높아지고 생명력은 약해져 지구촌의 혼란과 무질서는 극에 달하고 있고, 그로 인해 전 인류는 한꺼번에 공멸할 위기에 처해있다.

찌그러진 국가로 인해 인류가 공멸하지 않으려면, 지구촌의 모든 국가가 반듯한 소용돌이 형태의 국가권력 구조를 채택하고 그 핵에 신으로 진화한 인류가 자리 잡도록 헌법을 정비해야 한다. 그리고 반드시 지구촌의 모든 국가를 통합하여 지구 공화국을 창설해야 한다. 10여 개 정도의 선진국들이 지구 공화국의 창설에 합의하면, 어렵지 않게 모든 국가가 참여하는 지구 공화국을 창조할 수 있을 것이다. 지구 공화국은 소용돌이 형태의 국가권력 구조를 채택하고, 그 핵에는 전 인류가 자리 잡게 될 것이다. 그렇게 하면 지구 공화국은 소용돌이 원리로 작동하므로 엔트로피는 낮아지고 생명력은 엄청나게 강해지며, 전 인류는 하나로 통합되고 국가로 인해 인간의 생명력이 약해지는 일은 영원히 발생하지 않게 될 것이다.

　지구 공화국의 핵은 주인의 자리이자 왕의 자리다. 따라서 신으로 진화한 인류가 핵에 자리 잡은 지구 공화국은, 신들의 공화국이자 신들의 왕국(神國)이다. 신들의 왕국의 모든 것은 〈그림 43〉처럼 핵으로 수렴하고, 핵으로부터 강력한 생명력이 전 지구촌으로 발산하게 된다. 핵으로부터 발산하는 신들의 왕국의 생명력 중 가장 중요한 것이 돈이다. 몸이 혈액을 통해 모든 세포에 생명력을 전달하는 것처럼, 신들의 왕국은 돈을 통해 전 인류에게 생명력을 전달하기 때문이다. 그러므로 돈은 신들의 왕국의 혈액이다.

그림 43 생명력을 끌어당기고 발산하는 신들의 왕국의 핵

혈액이 모든 세포에 골고루 생명력을 전달하려면, 생명력이 넘치는 충분한 양의 혈액이 심장에서 출발하여 모든 세포에 직접 생명력을 전달한 후 다시 심장으로 원활하게 순환해야 한다. 마찬가지로 돈으로 전 인류에게 생명력을 골고루 전달하려면, 신뢰성(생명력)이 넘치는 충분한 양의 돈이 핵에서 출발하여 전 인류에게 직접 생명력을 전달한 후 다시 핵으로 원활하게 순환해야 한다. 이렇게 돈이 전 지구촌을 원활히 순환하면, 소용돌이 원리에 의해 전 지구촌의 엔트로피는 낮아지고, 전 인류의 생명력은 획기적으로 강해진다.

돈으로 전 인류에게 생명력을 골고루 충분히 전달하려면, 반드시 돈의 신뢰성 · 충분성 · 직접성 · 원활성이 보장되어야 한다. 가치가 생명력을 지닌 실물로 보장되지 않은 돈은 신뢰성이 없으므로 생명력이 없고, 충분하지 않은 돈은 전 인류에게 생명력을 골고루 전달할 수 없으며, 전 인류에게 직접 전달되지 않고 개별국가 · 관료조직 · 은행 등을 통해 전달된 돈은 혼탁해져 권력자 · 관료조직 · 은행만 살찌우며 동맥경화를 일으키므로 전 인류의 생명력을 약해지게 하고, 국경과 환율에 의해 제한된 돈은 원활히 순환하지 못하므로 인류의 생명력 증진에 도움이 되지 않기 때문이다.

 지금처럼 특정 국가가 기축통화 발행국이 되어 기축통화의
신뢰성·충분성·직접성·원활성을 보장하는 것은 불가능하
다. 기축통화 발행국은 금(Gold)이나 석유(Petroleum)로 기축통화
의 신뢰성과 충분성을 동시에 확보하려 하지만, 창고에 쌓아둔
금과 한 번 쓰면 사라지는 석유는 유한하므로 신뢰성과 충분성
을 동시에 충족시킬 수 없다. 또한, 채무를 부담하는 방식으로
발행한 기축통화를 직접 전 인류에게 아무런 대가 없이 골고루
충분히 지급하면, 가장 먼저 기축통화 발행국이 파산하므로 직
접성을 확보할 수도 없을 뿐만 아니라 개별국가·금융기관·
기업·개인 등 모든 경제주체도 채무자로 전락하므로 전 지구
촌은 채무 지옥이 된다. 그리고 기축통화 발행국이 존재하는
한 수많은 화폐와 국경도 존재하고, 수많은 화폐와 국경이 존
재하는 것은 하나의 몸이 여러 개로 분열되고 분열된 부분마다
서로 다른 색깔의 혈액이 흐르는 것과 같으므로 기축통화가 원
활히 순환하는 것도 불가능하다. 이렇게 신뢰성·충분성·직
접성·원활성을 확보하지 못한 현재의 화폐·금융제도는, 전
쟁·기아·가난·질병·범죄·채무·마약 등 지구촌 모든 비

극의 근본 원인이 되고 있다.

신들의 왕국은 유일한 통화발행 주체가 되어, 신뢰성이 보장된 충분한 양의 지구머니(Earth Money)를 무상으로 창조하여 전 인류에게 직접 전달하고, 지구머니가 다시 신들의 왕국으로 원활히 순환하도록 AI 컴퓨터로 모든 과정을 관리하게 된다. 지구머니는 블록체인(Block Chain) 기술로 1지구머니마다 특정된 전자화폐의 형태로 발행된다. 신들의 왕국은 무한히 순환하는 21C 미네랄워터와 21C 미네랄식품은 지구머니로만 구입할 수 있음을 법으로 규정함으로써 지구머니의 신뢰성(생명력)을 확보한다. 그리고 컴퓨터 게임이 게임 참여자 전원에게 기본 게임머니를 무상으로 직접 지급하는 것처럼, 전 인류 개개인에게 매달 150만 원 이상의 지구머니를 기본생활자금으로 아무런 대가 없이 직접 지급함으로써 충분성과 직접성을 동시에 확보한다. 또한, 개별국가의 독자적인 통화발행을 금지하고, 지구머니의 원활한 순환을 개별국가를 비롯한 그 누구도 침해할 수 없음을 규정함으로써 원활성을 확보한다. 이렇게 게임머니처럼 지구머니를 전 인류에게 무상으로 지급하는 것은, 이 세상의 본질은 생명력이 일시적으로 응축되고 응결됨으로써 드러난 꿈이자 환상(홀로그램)이며 놀이이자 게임이고, 돈은 게임의 도구에 불과하기 때문이다. 또한, 수많은 직업이 사라지는 미래에 이런 방식으로 돈을 무상으로 지급하지 않으면, 지구촌 경제는 수요부족으로 인해 폭망할 수밖에 없기 때문이다. 유일한 현실은 생명이다. 그러나 지금의 세상에서 돈은 생명보다 더 현실이 되었고, 사람들은 돈을 생명보다 진지하고 심각하게 대한다. 그래서 돈을 위해 너무도 바쁘게 살아가고, 돈으로 인해 거의 모든 분쟁과 비극이 일어나고 있다. 따라서 돈을 게임머니로 창조하고 사용하는 것은, 돈을 본래의 용도로 올바르게 보고 사용하는 것이고, 이렇게 돈을 사용하면 99% 이상의 범죄와 모든 전쟁은 영원히 사라지고 전 인류는 빠르게 신으로 진화하게 될 것이다.

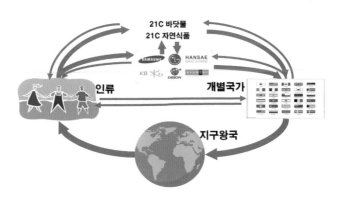

그림 44 지구머니 순환도

전 인류는 〈그림 44〉처럼 지구머니를 사용(매매 · 증여 · 상속 · 교환 · 고용 등)하여 다양한 생명력을 취득하고, 기업은 지구머니를 매개로 생명력을 확대 · 재생산하여 인류의 생명력 증진에 기여한다. 전 인류에게 지급된 지구머니는 그 점유가 변경될 때마다 일정 비율의 금액이 공제되어 개별국가의 재정으로 사용되고, 개별국가가 지구머니를 사용할 때마다 일정 비율의 금액이 공제되어 지구왕국으로 회수된다. 다시 지구왕국은 회수한 지구머니를 전 인류에게 생활자금으로 지급하는 과정을 반복하고, 지구머니가 부족하거나 넘치는 경우 더 많은 지구머니를 창조하거나 회수비율을 조절함으로써 적당한 양의 지구머니가 순환하게 한다.

이제 지구촌의 모든 사람은 신들의 왕국이 지급하는 생활자금만으로도 넉넉한 물질적인 삶을 누리게 되고, 그보다 더 많은 돈이 필요한 사람은 자유로운 경제활동을 통해 더 많은 지구머니를 획득하게 된다. 전 인류에게 직접 지구머니를 지급하므로 생필품 등의 수요가 증가하여 산업이 발전하므로 지구촌 경제는 획기적으로 발전하게 된다. 또한, 지구왕국은 개인이 지구머니를 축적할 수 있는 최대한도와 1년 동안 벌어들이는 수입의 최대한도를 넉넉한 범위를 정해 제한하고, 그 한도를 초과하는 금액은 그 사람의 이름으로 지구공헌자금으로 사용하게 된다. 따라서 지구머니(생명력)는 정체되거나 한쪽으로 치우치지 않고 지구촌 전체를 원활히 순환하게 되므로 소용돌이 원리에 의해 지구촌의 생명력은 강해진다. 따라서 세금·인플레이션·경기침체·환율·금리·지하자금·금융위기와 같은 금융 엔트로피를 상징하는 어두침침한 경제용어는 사라지게 된다. 따라서 전 인류는 연쇄적인 채무의 고리로 연결된 채무 지옥에서 해방되고 물질적 속박과 두려움에서 벗어나므로, 자기 자신의 내면에 집중함으로써 신으로 진화할 여유를 가지게 된다.

이제 왕국의 핵에 자리 잡은 신들은 아무것도 하지 않아도, 왕국의 모든 것은 저절로 이루어지게 된다. 왕국의 핵은 강력한 생명력으로, 고요한 태풍의 눈이 태풍의 모든 것을 주관하는 것처럼 왕국의 모든 것을 주관하기 때문이다. 핵은 지구중심체로 하여금 핵을 단단하게 보위하게 하여 왕국이 한쪽으로 치우치거나 찌그러지지 않게 하고, 모든 권력자와 권력기관이 제 기능을 발휘하게 해 권력자가 핵 위에서 군림하거나 부정부

패를 저지르지 못하게 한다. 또한, 지구머니를 골고루 빠르게 순환하게 하고, 후손들에게 올바르게 지식을 전달하여 신으로 진화하게 함으로써 왕국이 바람직한 방향으로 효율적으로 진화하게 한다. 그렇다고 핵이 모든 사안마다 적극적으로 개입하여 구체적인 결정을 내리는 것은 아니다. 이제 핵은 태풍의 눈처럼 고요하게 존재하고, 아무것도 하지 않는 것처럼 보인다. 하지만 고요한 태풍의 눈이 강력한 구심력으로 태풍을 완벽하게 조율하는 것처럼, 고요하게 존재하는 핵은 강력한 생명력으로 모든 권력을 소용돌이 원리로 완벽하게 조율하여 모든 것은 저절로 이루어지게 된다. 이를 노자(老子)는 '무위(無爲) 무불위(無不爲), 아무것도 하지 않아도 이루어지지 않는 일이 없다"라며 최고 경지의 통치라고 했다. 이제 사람들은 밥 먹고, 출근하고, 친구를 만나고, 술 마시고, 노래하고, 영화 보고, 산책하고, 논다. 정치를 탓하지 않고, 정치인을 욕하지 않으며, 정치로 인해 서로 다투지 않고 그저 기쁨으로 살아가지만, 모든 것은 저절로 이루어진다.

이렇게 신들의 왕국은 소용돌이 형태로 창조되어, 소용돌이 원리로 작동하므로, 국가와 모든 인류의 생명력은 획기적으로 강해진다. 그러므로 소용돌이 형태의 국가권력 구조와 피드백(feedback) 선거제도, 지구머니(Earth Money)는 신들의 국가를 창조하는 '신들의 지식'이다.

생명력이 강한 신들의 왕국에서, 국가와 지구 차원에서 비롯되던 노화·질병·죽음은 한순간에 사라지게 된다. 전쟁이 영원히 사라지고, 독재·기아·빈곤·약탈·지구온난화·에너지·물·무역·채무·성장·분배·마약 등등 지구 차원의 수많은 문제가 한순간에 뿌리가 잘리면서 사라지므로, 모든 인간의 생명력은 획기적으로 강해지며 모든 사람이 한꺼번에 신으로 진화하게 된다. 그러므로 신들의 왕국은 지금까지 존재했던 그 어느 국가보다 위대한 왕국이 되고, 그 어느 문명보다 위대한 문명을 꽃피우며 영원히 존재하게 된다.

제5장

신들의 만남

우주는 끝없이 장대하고, 우주의 모든 것은 생명이다. 따라서 우주에는 신들의 지식으로 생명력이 강해져 신으로 진화한 존재들이 수없이 많다. 그들은 고도의 신 의식과 과학기술을 지닌 존재들이다. 신 의식을 지닌 그들은 모든 생명은 하나이고, 모든 인간의 영혼은 한날한시에 하나님인 무한한 생각 생명력이 진동수를 낮추며 빛으로 확장되는 순간 동시에 태어난 형제들이자 자매들이라는 진리를 명확하게 안다. 또한, 그들은 생각 생명력을 완벽하게 이해하고 자유자재로 조율하므로, 끌어당김의 원리 · 소용돌이 원리 · 양자역학으로 제자리에서 뜨고 빛보다 빠르게 나는 우주선을 타고 우주에서 한 점에 불과한 우리 은하계의 한쪽 귀퉁이에 있는 지구를 찾아오고 있다.

그들의 삶은 물질적인 생존의 차원을 오래전에 뛰어넘었다.

그들은 환경에 전혀 부담을 주지 않는 방식으로 무한의 청정에 너지를 자유자재로 사용하고, 모든 영양소를 골고루 함유한 맛 있는 음식을 얼마든지 만들어내며, 착용감을 느낄 수 없을 정 도로 얇고 간편한 최첨단의 옷을 입고, 생명력의 원리로 설계 된 쾌적한 주거 공간에서 생활한다. 물질적인 것들은 그들 모 두가 쓰고도 남을 만큼 풍족하고, 필요하다면 얼마든지 더 만 들어낼 수 있는 모든 수단을 가지고 있다. 생명력과 시공간을 명확하게 이해한 그들은, 쉽고 간편한 방식으로 자유롭게 옮겨 다니고, 텔레파시로 생각을 주고받음으로써 서로 소통한다. 그 들의 행성은 맑고 쾌적한 공기로 둘러싸인 채, 깨끗한 바다와 생동감 넘치는 강들이 흐르고, 각종 원소와 영양성분을 충분히 함유한 건강한 흙을 보유한다. 그들은 기온을 적절하게 관리하 는 것은 물론 특정 지역에 비 또는 눈이 오게 하거나, 필요하면 적당한 크기의 태풍을 일으켜 행성을 정화하고, 천둥 번개를 사용해 행성에 생명력을 불어넣는다. 그들은 말 그대로 비·구 름·바람을 거느린 신들이다.

신들인 그들은 다른 행성을 침략하거나 지배하지 않는다. 그 들은 이미 우리가 가지고 있는 모든 것을 가지고 있고, 그것들을 더 가지기를 원한다면 얼마든지 더 가질 수 있는 수단과 능력이 있기 때문이다. 만일 그들이 다른 행성을 파괴하겠다고 마음먹으면 그것은 아주 손쉬운 일이다. 원자핵에너지보다 훨씬 더 강력한 파동 에너지를 조작하여 먼 거리에서 한순간에 지구를 증발시키는 것도 가능하다. 하지만 신들인 그들은 결코 그런 행동을 하지 않는다. 그러나 우리는 그들도 우리처럼 물질적인 필요를 충족하기 위해 지구를 침공할 것이라고 오해하곤 한다. 그러나 이런 생각은 말 그대로 오해다.

그들이 수시로 지구를 찾는 이유는 우리를 돕기 위해서다. 그들은 오래전부터 우리가 신으로 진화하는지를 면밀하게 관찰하며 우리를 돕고 있다. 2013년 2월 러시아에 대형 운석(약 1만 톤)이 떨어져 지구가 위기에 직면했을 당시에도 그들은 대형 운석을 공중에서 폭발시켜 지구를 위기에서 구했는데, 그 장면이 우연히 자동차 블랙박스 동영상에 4컷으로 찍혔다. 그 사진들을 보면 우리를 돕고자 하는 그들의 의도와 과학기술 수준을 어느 정도 이해할 수 있을 것이다.

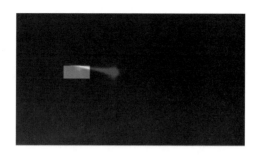

그림 45 운석의 뒤쪽에서 접근하는 UFO

　〈그림 45〉의 첫 번째 동영상 사진에는 대형 운석이 대기권으로 진입하여 비스듬히 떨어지고 있고, 운석의 뒤쪽에서 우주선으로 추정되는 작은 물체가 갑자기 나타나 운석보다 훨씬 더 빠른 속도로 운석을 뒤쫓는 장면이 나온다.

그림 46 운석의 한가운데를 통과하여 지나간 UFO

　〈그림 46〉의 두 번째 동영상 사진에는 이 작은 물체가 마치 운석을 뒤에서 앞으로 통과해 지나간 것처럼, 운석을 가로질러

운석 앞에서 나타나는 장면이 나온다. 일반적인 자동차 블랙박스 동영상은 1초에 24장의 사진을 연속적으로 촬영하는 24프레임을 사용한다. 따라서 첫 번째 사진과 두 번째 사진은 동영상의 한 컷 차이인 0.05초도 걸리지 않은 짧은 순간에 그들의 우주선은 적어도 수 km 이상을 운석을 쪼개며 이동했다.

〈그림 47〉의 세 번째 사진에는 대형 운석이 작은 조각들로 나누어지면서 붕괴하기 시작하고, 이 작은 물체는 운석의 앞쪽에서 빠른 속도로 멀어지는 장면이 나온다. 마찬가지로 우주선은 짧은 순간에도 엄청난 거리를 이동했다.

그림 47 운석에서 멀어지는 UFO

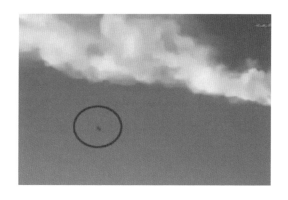

운석운 아래에서 붕괴되고 있는 대형 운석을 지켜보는 UFO

〈그림 48〉의 다른 자동차의 블랙박스에 찍힌 네 번째 사진에는, 작은 물체가 운석으로 인해 생긴 구름 아래에서, 운석이 폭발하며 지상에 운석우가 쏟아지는 광경을 공중에서 정지한 상태로 조용히 지켜보고 있는 장면이 찍혔다. 이렇게 그들의 우주선은 공중에서 정지하는 능력도 있다.

과거 지구를 지배하던 공룡이 일시에 전멸하여 자취를 감춘 이유도 지구에 대형 운석이 충돌한 결과 발생한 핵겨울 때문이라는 것이 과학자들의 정설이다. 만일 러시아에 떨어진 대형 운석이 작은 조각들로 부서지지 않고 그대로 지상에 충돌했다면, 인류는 엄청난 재난에 직면했을 것이다. 전 인류가 멸종되지는 않아도, 인류 문명의 대부분이 파괴됨으로써 인류의 진화는 상당 기간 뒤로 미루어질 수밖에 없었을 것이다. 그래서 그들은 우주선으로 대형 운석을 꿰뚫고 지나감으로써, 대형 운석을 작은 조각들로 폭파하여. 인류가 계속 진화할 수 있도록 도왔다.

여기서 "어떻게 우주선으로 보이는 이 작은 물체가 대형 운석을 꿰뚫고 지나갈 수 있는가?"라는 의문이 들 수도 있다. 하지만 그들의 우주선은 빛 또는 그 이상의 속도로 우주를 여행하므로, 조그마한 소행성들과 충돌하는 경우 우주선을 보호하는 것을 넘어 소행성을 돌파하고 앞으로 나아가게 하는 수단은 필수적으로 장착되어야 한다. 그러므로 그들의 우주선으로 운석을 쪼개면서 지나가는 것은 그리 어려운 일은 아니다. 이렇게 그들은 지구가 위기에 처할 때마다 인류를 돕고 있었다. 이번에는 우리의 눈에 띄었지만 이런 방식으로 우리가 모르게, 우리를 도왔던 예는 수없이 많을 것이다.

그들은 우리가 우리 자신의 힘으로 신으로 진화하기를 바라고 있고, 그것이 우리에게 더 도움이 된다는 점을 그들은 잘 알고 있다. 또한 그들은 우리가 지금의 의식 수준에서 그들과의 만남이 이루어지면 그것이 오히려 우리의 진화에 해가 된다는 점도 잘 안다. 그들이 전해줄 우리의 의식 수준을 넘어서는 과학기술은 인류를 한순간에 파멸로 이끌 수도 있고, 그들을 또 다른 신으로 만들어 숭배하거나, 그들에 대한 두려움으로 뜻하지 않은 부작용이 나타날 수 있기 때문이다. 그래서 그들은 자신들의 모습을 드러내지 않고 조심스럽게 인류를 돕고 있다.

그들과 우리는 하나이고, 모든 것이 하나로 작동하는 진리를 잘 알기에 그들은 우리를 돕는다. 하나의 일부가 다른 일부를 돕는 것은 자기 자신을 돕는 것이라는 점을 잘 이해하기에 그들은 행복하다. 그들은 우리가 신으로 진화할 때 무한한 기쁨을 느낀다. 그들은 우리가 하나 됨과 하나의 넉넉함을 체험하지 못할 때, 그들도 하나 됨과 하나의 풍요로움을 만끽하지 못하는 의식을 지닌 존재들이다. 그래서 그들은 우리가 하나 됨과 모든 것의 풍요로움을 체험할 수 있는 신으로 진화할 수 있도록 돕고 있다.

이제 우리도 한꺼번에 신으로 진화할 때가 되었다. 그러나 서로를 죽이고 억압하며 지배하는 지금의 의식 수준에 비해, 핵폭탄 기술은 너무 과도하여 인류가 한순간에 멸망할 수 있고, 화석연료를 사용하는 과학기술 수준은 너무 원시적이다. 하지만 신들의 지식을 이해하면, 인류의 의식과 과학기술 수준은 획기적으로 높아질 것이고, 지금 지구촌이 당면한 이념 · 독재 · 종교 · 에너지 · 환경 · 핵 문제 등은 저절로 극복될 것이다.

  이제 우리는 신으로 진화하여 위대한 꽃을 피울 것인지 아니면 한꺼번에 멸망할 것인지를, 선택할 시점에 이르렀다. 우리의 선택은 우주적인 대사건이다. 우리가 신으로 진화하면, 그것은 우리는 물론 전 우주의 기쁨이므로 다른 행성의 신들을 비롯한 전 우주는 우리의 실현을 축하하고 함께 축제를 벌이게 된다. 그러나 우리가 멸망의 길로 향하면, 그것은 인류뿐만 아니라 전 우주의 슬픔이 되고, 다른 행성의 신들 또한 실망을 금치 못할 것이다. 왜냐하면, 그들은 지금까지 보아왔던 그 모든 과정을, 인류가 그려낸 그 모든 슬픈 드라마를 처음부터 다시 보며 지루하게 기다려야 하기 때문이다. 최근 UFO의 출몰 횟수가 잦아지고 있는 것은, 그들도 우리의 마지막 선택을 흥미

롭게 지켜보고 있기 때문이다. 그들은 우리가 신으로 진화하는 영광스러운 순간을 목격하고 싶은 것이다. 그래서 그들은 우리 주변을 맴돌고 있다.

마침내 신들이 만나는 시점이 다가오고 있다. 우리 지구인들이 한꺼번에 진화하여 신으로 재탄생하는 순간, 다른 행성의 신들은 모습을 드러내고, 마침내 위대한 신들의 만남은 이루어진다. 그리고 우리가 그들이고 그들이 우리이며, 모든 것이 하나임을 확인한 그들과 우리는 기뻐하고 축하하며 크게 웃을 것이다. 그리고 신으로 진화한 우리는, 더 장엄하고 더 다양하며 더 위대한 모험의 길을 떠나게 된다. 그중 하나가 장대한 우주로 나아가 다른 행성에서 신으로 진화하는 종족들을 관찰하고 그들을 돕는 것이다. 다른 행성의 신들이 우리를 도왔던 것처럼, 우리도 신으로 진화하는 그들을 돕게 된다. 그리고 그들이 신으로 진화하는 순간, 우리도 그들과 함께 모두가 형제이고 하나임을 기뻐하고 축하하며 크게 웃을 것이다.

생명력을 이해하기까지

'생명력'을 '생명의 힘'이라고 막연히 알고 있었고 특별히 깊이 생각한 적은 없었다. 하지만 지금까지의 삶과 그동안 썼던 책들에서 궁극적으로 알고자 추구했던 것은 생명력이었다는 것을, 이 책을 마무리 짓는 시점에야 비로소 깨닫게 되었다. 그래서 생명력을 이해까지 겪었던 과정과 느낌을 간략히 적어본다.

울산에서 변호사 생활을 시작하고 6-7년이 지난 어느 날 새벽, 잠이 깨어 잠자리에 누운 상태로 어둠 속에서 눈을 뜨고, 그동안 살아온 시간을 돌아보고, 앞으로 다가올 미래에 대해 생각하게 되었다. 평범하게 보낸 어린 시절, 적성에 맞지 않았던 공업고등학교 전기과 시절, 사법시험만 합격하면 모든 것이 이루어질 것이라는 꿈만 꾸며 허송세월한 대학 시절, 군 제대 후 어쩔 수 없이 본격적으로 사법시험을 준비하던 시절, 힘겹게 합격하여 지방에서 변호사로 보낸 시절 등을 회상했고, 젊은 변호사로서 그동안 무엇을 이루었는지와 앞으로의 삶은 어떻게 펼쳐질지를 생각했다. 그리고 그동안 이룬 것은 아무것도 없고, 장래는 암담하다는 것을 알 수 있었다. 부모님과 형제들 외에 처자식들까지 생겨 부양할 가족은 더 늘었는데, 빚도 더 늘었고, 변호사 업무는 너무도 따분하고 지루하며 재미없었고, 시간이 지날수록 나이는 들고 경쟁은 치열해져 모든 면에서 지금보다 더 나아질 전망은 전혀 없었기 때문이다. 설사 먹고 사는 데 문제가 없다고 해도, '이런 삶이 무슨 의미가 있는가'라는 의문도 들었다.

그래서 마음속으로 하늘에게 외쳤다. '내가 원하는 삶은 이런 것이 아니다.' '나는 이렇게 쪼잔한 삶을 살기 위해 고통을 참아가며 공부하지 않았다.' '나는 엄청나게 많은 돈을 벌어야 하고, 큰 권력으로 좋은 일도 많이 해야 한다. 그리고 붓다와 예수보다 더 높은 경지의 깨달음도 얻어야 한다.'라고 침묵으로 소리쳤다. 바람처럼 왔다가 이슬처럼 갈 순 없다고 킬리만자로의 표범(양인자 작사, 조용필 노래)처럼 외친 것이다. 그리고 날이 밝으면 비전이 보이지 않는 변호사의 길보다 더 나은 길을 찾아 보겠다고 다짐했다.

그리고 그날부터 더 크고, 더 낫고, 더 보람 있는 무엇인가를 찾기 시작했다. 변호사라는 좁은 울타리 안에서만 살다가, 마음의 문을 열고 바깥세상을 살펴보기 시작한 것이다. 그렇게 약간의 시간이 흐른 어느 날, 양대윤 선생님이 상담을 청해왔다. 그는 자신이 개발한 음식물쓰레기를 비료로 바꾸는 기술이 왜 중요한지를 설명하는데, 무슨 말인지 도무지 알아들을 수 없었다. 하지만 몇 차례 더 상담을 이어가자, 그의 기술이 유기물 순환을 원활하게 하고, 흙의 미네랄 원소 부족 문제를 해결하는 데 매우 탁월한 기술이라는 것을 이해할 수 있었다. 그래서 '어느 날 새벽, 하늘을 향해 외치고 다짐했던 것에 대한 대답이 이런 방식으로 오는가'라는 생각이 들었다. 어쨌든 양대윤 선생님을 만난 것을 계기로, 인류가 당면한 가장 중요한 문제 중 하나인 유기물 순환 문제를 해결하는 데 일조할 수 있겠다고 생각하며, 변호사로서 양대윤 선생님을 돕게 되었다. 그렇게 지내던 어느 날, 유기물 순환 문제 외에 인류가 당면한 중요한 문제가 무엇인가라는 생각을 처음으로 하게 되었고, 물 부족, 에너지 부족, 대기 오염, 지구온난화 등이 당면한 중요한 문제라는 것도 깨닫게 되었다. 그러자 나머지 문제들의 해결방안도 찾고 싶다는 생각이 들어, 양대윤 선생님께 '지구촌의 물 부족 문제를 해결하려면 어떻게 하면 되겠습니까?'라고 질문을 드리게 되었다. 양대윤 선생님께 그런 질문을 드린 것은, 양대윤 선생님은 초등학교도 졸업하지 못한 분이지만, 보이지 않는 자연의 이치를 꿰뚫어 보는 혜안을 지닌 분이라는 것을 느꼈기 때문이다. 양대윤 선생님은 '바닷가에 깊은 굴착공을 뚫으면 해결방안을 찾을 수 있을 것'이라고 대답했고, 곧 친구의 협조를 얻어 울진 바닷가에 굴착공을 뚫어 울진 21C 미네랄워터를 개발하게 되었다. 온천 개발에 조예가 깊었던 양대윤 선생님은 바닷가의 깊은 암반층에서 생성되는 온천수는, 무한한 바닷물이 그 원천이고, 미네랄 원소를 풍부하게 함유한 물이므로 이를 활용하면 생명체의 생명력을 강해지고 하는 동시에 지구촌의 물 부족 문제를 해결할 수 있다는 진리를 경험적으로 이해하신 것이다. 양대윤 선생님은 굴착공이 완공되고 얼마 지나지 않아 지병으로 돌아가셨다. 그 후 필자는 『B순환』을 집필했고,

그로부터 5년 후『나는 누구인가』를 썼다.『B순환』은 무한한 바닷물의 이용 방법을 중심으로 흙·물·불·공기 순환의 문제를 해결하는 방안을 적은 내용이고,『나는 누구인가』는 인간 의식을 확장하는 5가지 길을 적은 내용이다.

2016년 대한민국의 혼란한 정치 상황을 지켜보며, 그 근본 원인이 무엇이고 어떻게 하면 국가의 혼란을 근원적으로 제거할 수 있는가에 대해 깊이 생각하게 되었다. 그 결과 국가의 권력 중심이 흔들리지 않게 국가권력 구조를 짜는 것이 중요하다는 깨달음을 얻고, 그 방안을 찾기 위해 법률가로서 숙고하기 시작했다. 그렇게 지내던 늦은 가을 어느 날, 우연히 집 부근의 산사에 들렀다가 관웅 스님이 태백권을 가르치는 것을 보았고, 다음 날부터 관웅 스님이 지도하는 새벽 수련에 참여하게 되었다. 관웅 스님은 육체가 안정되고 강건하지 않으면 마음의 평화는 있을 수 없다며, 명상과 육체의 수련을 병행하는 방식으로 지도했다. 또한, 척추를 중심으로 몸을 소용돌이 형태로 수련함으로써 몸의 중심을 강화하는 방식으로 가르쳤다. 당시 국가의 중심에 대해 숙고하던 필자는, 관웅 스님의 몸의 중심과 소용돌이 형태로 수련하는 방법에 대한 지도를 받으며 '중심'과 '소용돌이 원리'에 대한 기본적인 이해를 하게 되었고, 그 이후 출판한 『중심의 비밀』 등에는 모두 중심과 소용돌이라는 개념 이 화두로 등장하게 되었다.

그런데 어느 날 갑자기 오른쪽 성대가 마비되며 말을 할 수 없게 되어, 병원과 한의원을 다니며 온갖 검사를 하고 침·한 약과 양약을 복용했으나, 110여 일이 지나기까지 원인조차 알 아내지 못했다. 그렇게 이 병원 저 병원을 전전하다가 헤르페 스 바이러스가 목의 후두신경에 침입하여 성대가 마비된 것이 병의 원인임을 알게 되었다. 그때부터 항바이러스제를 복용했 지만 4주가 지나도 증상은 더 심해졌고, 항바이러스제로 인해 하루에도 7회 이상의 설사로 몸은 극도로 쇠약해져, 이러다 죽 을 수도 있겠다는 생각이 들었다. 그리고 헤르페스 바이러스로 인한 질병은 현대의학으로는 고칠 수 없다는 사실을 깨닫고 모 든 병원 약을 끊고, 다음 주부터 변호사 사무실과 조합 사무실 을 정리한 후 산으로 들어가 자연인으로 살겠다고 마음먹었다. 그 당시 사방이 높은 절벽으로 가로막혀 도저히 빠져나갈 방법이 없다는 절망감을 느꼈다. 그날이 토요일이었는데 바로 그날, 강성철 박사님의 전화를 받게 되었고, 말하지 못하게 된 사연을 어렵게 설명하자, 강 박사님은 개발 중이던 21C 미네랄식품을 들고 늦은 저녁 시간에 찾아와 주셨다. 강 박사님과 이야기를 나누며 21C 미네랄식품 용액 500cc를 마시고, 집으로 돌아와 500cc를 더 마신 후 잠을 자고 새벽에 일어나 말을 하니 놀랍게도 말을 할 수 있었고, 며칠이 지나지 않아 완치될 수 있었다. 이에 강 박사님께 그 원리가 무엇인지를 묻자, 강 박사님은 미네랄밸런스가 그 해답이라면서, 미네랄밸런스가 이루어지면 거의 모든 질병을 극복할 수 있다고 대답했다. 미네랄밸런스가 모든 질병을 극복하는 열쇠라는 말을 듣고, 미네랄밸런스를 이해하면 질병이라는 인류가 당면한 정말 중요한 문제를 해결할 수 있겠다고 생각하게 되었다. 그래서 미네랄밸런스가 이루어지면 어떤 변화가 있는지에 대한 실증적인 자료를 찾았지만, 그 당시는 21C 미네랄식품 개발이 종료되지 않은 시점이어서, 구체적인 치료 사례와 실험자료가 부족했다. 그래서 개인적으로 여러 가지 실험을 하면서, 각종 연구기관에 몇 가지 성분분석과 실험을 의뢰했다. 처음에는 어떤 연구기관에 무슨 실험을 의뢰해야 할지도 몰랐고, 실험 결과가 나와도 그것이 무엇을 의미하는지를 이해하기까지 상당한 시간이 걸렸다. 하지만 약 2년 가까이 미네랄밸런스에 대해 연구하고 숙고하자 놀라운 사실을 깨닫게 되었다. 그것은 미네랄밸런스 용액에서 모든 세포 등은 활발하게 번성하지만, 모든 세균 등은 사멸한다는 사실이다. 마침 코로나19바이러스가 전 세계적으로 확산되기 시작하는 시점이어서 이를 막기 위해, 중심의 원리와 실험 결과 그리고 미네랄밸런스를 토대로『질병의 뿌리』,『세포의 중심』,『세포 소용돌이』라는 100여 쪽의 책들을 연이어 쓰고 관련 기관에 코로나19바이러스를 제거하는 방법을 알리기 위해 노력했으나 누구도 변호사인 필자의 말을 들어주려 하지 않았다. 또한, 중심의 원리를 축으로『정당은 바이러스다』,『수레바퀴 헌법』이라는 국가의 권력 중심을 강하게 하는 내용의 100여 쪽의 책들도 동시에 출판했다. 이렇게 두 가지 형태의 책을 동시에 각각 100여 쪽으로 출판한 것은, '중심의 원리'만으로는 두 가지 책을 하나로 엮기에는 부족했기 때문이다. 하지만 마음 한구석은 늘 찜찜한 상태로 남게 되었다.

그래서 다시 한번 세포·몸·영혼·국가를 포괄하는 동시에 관통하는 개념을 찾기 시작했다. 세포·몸·영혼은 신이 창조한 생명체이고, 국가는 신이 창조한 인간이 법으로 창조한 생명체이므로 생명·생명력·신이라는 공통점을 발견할 수 있었다. 그중 '생명력'이라는 개념을 중심으로 다시 새로운 원고를 쓰기 시작했으나 막히는 부분이 너무도 많았다. 그러던 어느 날 유튜브에서 생명력, 파동, 주파수 등의 용어를 사용하는 『람타 화이트 북』이라는 책을 읽어주는 방송을 우연히 접하게 되었다. 즉시 그 책을 구입해 읽어보니, 어디서도 보거나 듣지 못한 생명력에 대한 진실이, 35,000년 전에 단 한 번의 삶에서 죽음을 초탈하고 신이 된 '람타'라는 위대한 존재의 너무도 아름답고 위대한 가르침으로 적혀 있었다. 람타는 "생명력은 우주 만물의 창조자이자 창조의 재료이고, 우주 만물을 하나로 이어주는 바탕이며, 모든 것이 제자리에 존재할 수 있게 하는 근원적인 힘이다. 생명력은 처음부터 존재했고, 앞으로도 영원히 존재하는 무한하고 순수한 에너지이며, 유일(唯一)한 실재(實在)이자, 하나님이라 불리는 절대자다. 생명력은 자신만의 우주 원칙을 지니고 있는데, 그것은 언제나 확장하고, 언제나 진화하며, 언제나 무엇인가로 되는 것이다"라고 했는데, 이는 필자가 평소 하나님에 대해 가지고 있던 견해와 정확히 일치했다. 그런데 생명력이 하나님이라니! "Oh My God (맙소사)! 어떻게 그렇게 명확한 것을 지금까지 모를 수 있었지? 온 세상이 생명력으로 가득하고, 전 우주가 하나의 생명인데 그걸 몰랐다니." 그렇게 람타의 도움으로 생명력이 하나님이라는 진리를 깨닫게 되었고, 이 책을 완성하게 되었다. 람타의 핵심적인 가르침을 토대로 이 책을 썼지만, 『람타 화이트 북』의 극히 일부분만을 옮겨 적었을 뿐이다. 부디 모든 사람이 진정으로 성스러운 경전인 『람타 화이트 북』을 통해 위대한 스승의 지혜를 만나 깨달음을 얻기를 기원한다.

생명력이 하나님이라는 진리를 이해하니, 어느 날 새벽에 필자가 외쳤던 것은 생명력에게 바라는 것을 요구한 것이고, 이를 들은 생명력은 요구 사항을 이룰 수 있는 삶과 지식을 필자에게 완벽하게 제공해 주었다는 것을 깨닫게 되었다. 먼저 생명력은 원하는 삶을 살아갈 기회를 주었다. '양대윤 선생님', '관웅 스님', '강성철 박사님'과 같은 생명력의 대가(大家)들을 스승으로 만나게 하여 가장 크고 장대한 삶에 대해 비전과 많은 돈과 큰 권력 그리고 지고한 깨달음과 건강을 동시에 얻을 기회를 주었다. 그리고 그 기회를 잡을지, 흘려보낼지는 전적으로 필자의 자유의지에 맡겼다.

또한, 생명력은 필자가 알고자 하는 모든 것을 알게 해 주었다. 유기물 순환을 촉진하는 원리를 화학에 대한 기초지식도 없는 필자가 알고자 숙고하자 석 달 이내에 그 화학 공식을 스스로 창안하게 해 주었고, 국가가 분열되어 혼란한 근본 원인과 그것을 극복하는 방안에 대해 3~4년 정도 놓치지 않고 고심하자 수레바퀴 형태의 국가권력 구조를 창안하게 해 주었다. 또한, 21C 미네랄워터의 원리를 알고자 하면 지구과학을 한 번도 배우지 않은 필자가 독창적인 물순환 원리를 고안할 수 있도록 모든 여건을 조성해 주었다.

울진 21C 미네랄워터 굴착공을 착공할 당시 처음에는 1공구만 뚫을 계획으로 굴착을 시작했었다. 지하 680m 부근에서 굴착공과 파쇄대가 만나자 지하수가 분출했지만, 그 양이 많지 않아 계속 더 깊은 지하로 뚫고 내려가려 했으나, 689m 지점에서 다이아몬드로 만들어진 굴착기의 헤드(Head)가 부러져 굴착공을 막고 있어 더는 굴착이 불가능했다. 이에 계획을 수정하여 1공구에서 50m 떨어진 바닷가에 나란히 2공구를 뚫게 되었고, 굴착 도중에 나오는 지하수를 그라우팅 공법으로 차단하며 계속 뚫고 내려가 1,050m 부근에서 많은 양의 지하수가 흐르는 파쇄대를 만나 굴착을 마치게 되었다. 만일 굴착기의 헤드가 부러지지 않아 같은 자리에서 울진 1, 2 공구를 뚫지 않았다면, 두 공구의 지하수 성분을 비교할 수 없으므로, 깊은 지하의 파쇄대일수록 담수와 같은 염도의 21C 미네랄워터가 나온다는 것을 뒤늦게라도 추론하기 어려웠을 것이다.

이런 방식으로 생명력은 필자가 알고자 하는 것을 우연처럼 알게 해 주었는데, 중심의 원리를 숙고하면 우연처럼 관웅 스님을 만나 체험을 통해 중심의 원리는 물론이고 소용돌이 원리까지 이해할 기회를 주었다. 그래도 필자가 소용돌이 원리를 이해하지 못하자 소공자 선생님을 통해 소용돌이 원리와 정육각형(헥사곤) 형태의 핵심을 가르쳤으나, 그래도 필자는 제대로 이해하지 못했다. 그 후 이 책의 교정에 들어갈 시점에 유튜브에서 엔트로피에 대한 영상을 만나게 해 엔트로피와 소용돌이 원리를 과학적으로 정리할 기회를 주었다. 또한, 생명력은 필자에게 미네랄밸런스를 이해할 기회를 여러 차례 주었으나 필자는 끝내 이해하지 못했다. 그러다 헤르페스 바이러스에 감염되었다가 미네랄밸런스 용액을 마시고 회복된 필자는, 미네랄밸런스를 탐구할 수밖에 없었고 결국 이해하게 되었다. 그 외에도 생명력은 필자가 혈액의 근원에 대해 숙고하면 원시 바닷물이라는 새로운 발상이 갑자기 떠오르게 했고, 혈액의 흐름에 대해 궁금해하면 우연처럼 『심천사혈요법』이라는 책을 만나게 했으며, 그 외에도 파동, 핵, 피드백 선거제도, 돈의 본질 등등 거의 날마다 끝없이 이어지는 수많은 질문에 유튜브·TV·신문·책·대화·새벽녘의 발상 등등으로 우연을 가장한 수많은 앎의 기회를 주었다. 그리고 그때마다 그 기회를 통해 앎으로 나아갈지, 무심코 흘려보낼지는 전적으로 필자의 자유의지에 맡겼다. 또한, 필자가 그 기회를 흘려보내도 알고자 하는 의지를 놓치지 않고 계속 앎을 추구하면, 다른 시기에 다른 방식으로 또다시 앎의 기회를 우연처럼 주었다. 그렇게 생명력에 대한 이해가 깊어지다가 어느 날 생명체의 구심력이 중력의 근원이라는 것을 깨닫게 되었고, 뒤를 이어 암흑에너지와 암흑물질, 시공간 등 그동안 지니고 있던 의문들이 한꺼번에 풀리기 시작했고, 그렇게 이 책의 마무리를 짓게 되었다.

생명력에 대한 이해가 깊어질수록 몸은 소용돌이 형태를 회복하게 되었고, 그만큼 생명력도 강해졌다. 필자는 초등학교 5학년 무렵 친구들과 공을 차며 뛰노는 도중 갑자기 골반이 아래쪽으로 툭 떨어지고, 몸이 뒤로 처지는 느낌을 받았는데, 당시 어린 나이였으나 몸에서 뭔가 중요한 변화가 생겼다는 것을 감지할 수 있었다. 하지만 그 누구에게도 그 느낌이 무엇인지에 대해 질문하지 않았는데, 그것은 누구도 이를 바르게 설명할 수 없을 것이라고 미리 생각했기 때문이다. 그 후 45년의 세월이 흐른 뒤 관웅 스님으로부터 몸의 중심과 소용돌이 수련법에 대한 가르침을 받으며 어린 시절의 몸의 변화는, 오른쪽 발바닥의 아치 형태 관절이 무너짐으로써 오른쪽 골반이 밑으로 떨어지며 생긴 현상이라는 것을 깨닫게 되었다.

필자의 발은 평발에 가까운데, 평발은 발바닥 관절의 아치 구조가 약하다. 그런데 심하게 뛰놀자 오른쪽 발바닥의 아치 구조가 무너지며 골반이 내려앉게 되었고, 그에 따라 척추가 앞으로 굽으며 오른쪽으로 휘어져 몸 전체가 오른쪽으로 뒤틀리며 찌그러지게 되었다. 몸이 오른쪽으로 뒤틀리며 찌그러지자, 몸의 오른쪽 부분은 혈액순환이 원활히 이루어지지 않아 그 부분의 근육과 장기들은 기능이 떨어지며 약해졌다. 대학생 시절에 오른쪽 신장에 요로결석과 염증이 생겨 수십 년을 혈뇨로 고생하고, 산성화된 혈액으로 인해 비염을 비롯한 다양한 질병에 시달리게 된 근본 원인도 오른쪽 발바닥의 아치 구조가 무너진 것에서 비롯되었다. 몸의 오른쪽이 무너지자 왼쪽은 무너지는 몸을 지탱하기 위해 경직되며 뒤틀렸는데, 중학생 시절 가끔 심장을 칼로 찌르는 듯이 느껴졌던 통증은 가슴이 경직되며 찌그러져 심장에 압박을 가하여 나타난 증상이라는 것을 이해할 수 있었다. 이렇게 골반이 뒤틀리니 골반 좌우의 높이와 다리의 길이가 달라져 똑바로 걸을 수 없었고, 양쪽 어깨는 경직되어 움츠러들어 목 방향으로 올라갔으며, 근육이 제자리를 벗어나 팔로 힘을 쓸 때 몸에서 팔로 비정상적인 근육 경로를 통해 힘이 전달되는 것을 느낄 수 있었다. 몸의 균형이 무너지자 쇄골과 이목구비와 이마의 주름살은 왼쪽은 높고 오른쪽은 낮아 대칭성을 잃고 찌그러져 볼품이 없어졌고, 가슴과 목 주변의 근육들이 경직되어 깊은 호흡이 불가능했으며, 목소리가 약해져 고음을 낼 수 없었다.

하지만 일단 그 모든 원인과 그로 인해 나타난 다양한 증상을 이해하고, 이를 바로 잡는 기본적인 지식을 알게 되니 몸을 반듯하게 만들기 위해 수시로 관심을 기울이게 되었고, 시간이 지남에 따라 몸은 조금씩 균형을 되찾기 시작했다. 무너진 발바닥 관절의 아치를 되살리기 위해 수시로 둥근 막대기 위에서 자세를 바로 세우려 했고, 새벽마다 경직된 배·가슴·목 주변의 근육을 이완시키기 위해 자리에서 누운 상태로 1시간 이상 손으로 주물러주기를 계속했다. 또한, 발바닥의 아치가 무너지고 골반이 틀어진 것은 잘못된 자세에서 비롯되었다는 것도 알게 되어, 수시로 자신의 자세를 돌아보며 점검하고 잘못된 자세를 취한 경우 즉시 바로 잡게 되었다. 그렇게 약 6년 정도 틀어지고 찌그러진 몸을 바로 잡는 동시에 21C 미네랄식품으로 혈액의 미네랄밸런스가 이루어져 모든 염증이 사라지자, 몸의 생명력이 강해져 지금은 어느 정도 똑바로 서고 똑바로 걸으며 깊이 호흡하고 맑은 목소리를 낼 수 있게 되었다.

생명력을 이해하기까지 약 20여 년이 걸렸고, 그동안 삶은 우여곡절을 겪었다. 형식적으로 행하는 변호사업 대신 더 재미있으면서 생계도 유지할 수 있는 직업을 찾기 위해 복국식당, 옷가게, 불고기집, 샤브샤브전문점, 김밥전문점 등을 필자 또는 아내의 명의로 운영하며 삶을 경험했고, 지역 도시개발조합의 조합장으로도 근무했었다. 그리고 알 수 없는 충동과 코로나19바이러스를 막기 위해 무엇인가를 해야 한다는 조바심에 이끌려 주변의 모든 사람이 말리는 것을 뿌리치고, 서울에 진출해 일반 변호사들이 꺼리는 금융 업무를 경험하는 기간에는 경제적 어려움을 겪으며 돈의 생명력을 몸으로 체험하기도 했다.

그렇게 시간이 지날수록 그동안 어리석은 필자로 인해 주변 사람들이 받았을 아픔이 점점 더 또렷이 느껴졌다. 자신의 이상만을 추구하며 건성으로 살아가는 남편 대신 고생한 아내의 불안감, 어려움을 견디며 끝까지 믿고 응원해주신 주신 부모님·형제·친척들의 걱정은 물론이고, 필자의 달라진 모습에 황당해하던 동료들·친구들·지인들의 실망감, 도중에 자리를 버리고 떠난 조합장으로 인한 조합원들의 허탈감이 느껴졌다. 이 기회에 주변의 모든 분에게 깊은 고마움을 전하며 이해를 구하고 싶다. 그동안 필자는 너무 어리석었고 이기적이었으며, 귀찮은 현실을 회피하고 다른 사람에게 책임을 떠넘기는 겁쟁이이자 비겁자였다. 사랑을 어떻게 받고 표현해야 하는지, 우정을 어떻게 나누어야 하는지, 사람을 어떻게 대해야 하는지, 책임을 어떻게 다해야 하는지 특히 나 자신을 어떻게 사랑해야 하는지를 몰랐다. 그래서 그렇게 수많은 실수를 거듭하며 어리석게 살 수밖에 없었다.

하지만 그런 어리석음과 실수를 통해 많은 것들을 배워 이해하고 알게 되었다. 나 자신을 부인하지 않고 있는 그대로의 나를 사랑하게 되었고, 비난하고 경멸하던 것들을 품을 수 있게 되었으며, 다른 사람을 원망하지 않고 받아들이게 되었고, 주변의 모든 것을 그저 존재하도록 축복할 수 있게 되었다. 또한, 담담하게 현실을 직시하고 책임을 다할 수 있게 되었고, 필요하면 모든 것을 걸고 싸울 수 있게 되었다. 그리고 생명력은 누구라도 그가 알고 싶어 하는 모든 것을 알게 하고, 하고 싶어 하는 모든 것을 하게 하며, 되고 싶어 하는 어떤 것도 되게 하는 하나님이라는 것을 체험으로 알게 되었다. 또한, 우리는 하나님과 분리할 수 없는 하나이고, 하나님은 우리를 참으로 사랑하여 우리에게 어떤 제한도 두지 않고, 우리가 원하는 어떤 체험이라도 원하는 만큼 할 수 있도록 허용한다는 것도 알게 되었다. 그리고 그 모든 체험의 목적은 우리 자신이 신이라는 사실을 앎으로써, 다시 하나님과 하나로 되기 위함이라는 것도 알게 되었다. 그러므로 지난 20년은 생명력인 하나님과 나 자신을 알기 위해 반드시 겪어야만 했던 필연적인 과정이자, 배움을 향한 멋진 모험이었고, 정말 기쁘고 행복한 여정이었다.

아직은 그날 새벽 생명력에게 외쳤던 모든 것이 눈앞에 드러나지는 않았다. 하지만 그 모든 것은 이미 이루어졌음을 명확히 안다. 또한, 더는 노화 · 질병 · 죽음과 전쟁 · 기아 · 가난이 존재하지 않고, 지구온난화를 극복한 쾌적한 지구에서 모든 사람이 건강하고 평화롭게 살아가는 세상이 조만간 도래할 것도 안다. 왜냐하면, 그동안 책을 쓰면서 그런 세상을 상상하며 원한다고 수없이 외쳤고, 지금은 모든 사람이 똑같은 세상을 상상하며 바라고 있기 때문이다. 더구나 우리는 하나님과 하나로 존재하는 신들이지 않은가? 그러므로 신들이 바라는 그런 세상은 우리 눈앞에 조만간 반드시 드러날 것이다.

참고서적

- 오쇼 라즈니쉬, 손민규 역, 『반야심경(The Heart Sutra)』, 태일출판사, 2011.
- 오쇼 라즈니쉬, 손민규 역, 『금강경(The Diamond Sutra)』, 태일출판사, 2011.
- 오쇼 라즈니쉬, 손민규 역, 『법구경(The Dhammapada: The Way of the Buddha) 2』, 태일출판사, 2012.
- 오쇼 라즈니쉬, 손민규 역, 『조르바 붓다의 혁명(The Rebel: The Very Salt of The Earth)』, 젠토피아, 2013.
- 닐 도날드 월쉬, 조경숙 역, 『신과 나눈 이야기 1, 2, 3 (Conversation with God)』, 아름드리미디어 1997.
- 제이지 나이트, 유리타 역, 『람타 화이트 북』, 아이커넥, 2011.
- 콜럼 코츠, 유상구 역, 『살아있는 에너지』, 도서출판 양문, 1998.
- 에모토 마사루, 양억관 역, 『물은 답을 알고 있다』, 나무심는사람, 2002.
- 김인자, 『참』, 도서출판 다생소활, 2008.
- 강대봉, 『氣』, 도서출판 언림, 1989.
- 심천 박남희, 『심천사혈요법 1, 2, 3』, 심천출판사, 2005.
- 소공자, 『맨땅요법』, 코스모스북, 2015.
- 최인호, 『B순환』, 천지인, 2010.
- 최인호, 『나는 누구인가』 도서출판 지식공감, 2016.
- 최인호, 『중심의 비밀』 도서출판 지식공감, 2019.
- 최인호, 『질병의 뿌리』 도서출판 지식공감, 2020.
- 최인호, 『정당은 바이러스다』 도서출판 지식공감, 2021.
- 최인호, 『세포의 중심』, 도서출판 지식공감, 2021.
- 최인호, 『세포 소용돌이』, 도서출판 지식공감, 2022.
- 최인호, 『수레바퀴 헌법』, 도서출판 지식공감, 2022.

부록

실험1 미생물 배양 실험

- 실험자 : 최인호

<사진 1, 2019년 8월 4일 촬영>

1. 21C 미네랄식품 용액   2. 구기자 용액   3. 생수

▶ 1. '21C 미네랄식품 용액'은 생수에 21C 미네랄식품을 0.4% 비율로 희석한 용액에 돼지기름을 넣은 사진이고,

▶ 2. '구기자'는 생수에 구기자가루를 0.8% 비율로 희석한 용액에 돼지기름을 넣은 사진이며,

▶ 3. '생수'는 순수한 생수에 돼지기름을 넣은 사진이다.

<사진 2-1, 8월 20일 촬영>(16일 경과 후)

1. 21C 미네랄식품 용액   2. 구기자 용액   3. 생수

▶ 16일이 지난 후 돼지기름의 변화 정도를 촬영한 사진이다. 시커
멓게 부패한 부분은 해로운 세균이 번식하고 있음을 나타내고, 노
랗게 발효된 부분은 유익한 미생물이 번식하고 있음을 나타낸다.

▶ 구기자 용액과 생수에 담긴 돼지기름은 부패했지만, 21C 미네랄
식품 용액에 담긴 돼지기름은 발효되었음을 확인할 수 있다.

\<사진 2-2. 현미경사진\>

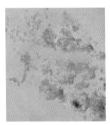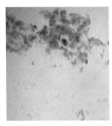

▶ 위 3개의 용액에 번식한 미생물을 현미경으로 촬영한 사진이다. 사진의 푸른색을 띤 부분은 미생물을 배양한 후 푸른색으로 염색한 것이므로 푸른색을 띤 부분이 많을수록 많은 숫자의 미생물이 번식하고 있음을 나타낸다.

▶ 21C 미네랄식품 용액, 구기자 용액, 생수의 순으로 미생물의 숫자가 많다는 것을 알 수 있다.

▶ 미생물 배양 실험결과, 21C 미네랄식품 용액에서 유익한 미생물들은 활발하게 번식하지만, 해로운 세균은 존재할 수 없다는 사실을 확인할 수 있다.

실험 2 미생물 항균 활성 및 생장촉진능 실험

– 실험자 : 한국의과학연구소

실험결과

시료명	균주	대조군 균체수(cfu)	실험군 균체수(cfu)	활성도(%)
병원성미생물 항균활성 병원성미생물 항균활성	포도상구균 (Staphylococcus aureus)	1.49×10^{11}	1.21×10^{11}	18% 억제
	대장균 (Escherichia coli)	2.70×10^{10}	3.21×10^{10}	N.D
유용미생물 생장촉진활성 유용미생물 생장촉진활성	유산균 (Lactobacillus plantarum)	1.60×10^{10}	1.70×10^{10}	6.3% 증가
	고초균 (Bacillus subtilis)	1.10×10^{8}	2.07×10^{7}	178.2% 증가

주) 시료는 멸균수로 희석하였음.
　　 N.D: Not Detected(불검출)

▶ 하루(24시간) 동안 0.4% 21C 미네랄식품 용액에서 실험한 결과,
　 해로운 세균인 포도상구균은 18%, 대장균은 100% 사멸했으나,
　 유익한 미생물인 유산균은 6.3%가 증가하고, 고초균은 178.2%가
　 증가했음을 확인할 수 있다.

▶ 21C 미네랄식품 용액에서 유익한 미생물은 번성하고, 유해한 세
　 균은 사멸함을 확인할 수 있다.

실험 3 암세포 성장 및 독성 실험

- 실험자 : 동남의화학연구원

폐암세포
A549

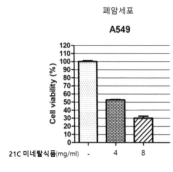

21C 미네랄식품(mg/ml)   -   4   8

21C 미네랄식품 mg/ml	0	4	8
mean	100	53	30
SD	3	1	7

간암세포
HepG2

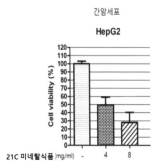

21C 미네랄식품 (mg/ml)   -   4   8

21C 미네랄식품 mg/ml	0	4	8
mean	100	49	28
SD	9	29	37

대장암세포
HCT116

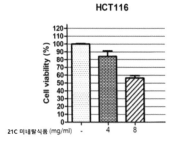

21C 미네랄식품 (mg/ml)   -   4   8

21C 미네랄식품 mg/ml	0	4	8
mean	100	84	56
SD	2	22	9

위암세포
AGS

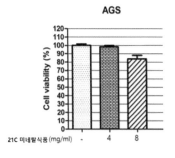

21C 미네랄식품 (mg/ml)   -   4   8

21C 미네랄식품 mg/ml	0	4	8
mean	100	98	84
SD	5	5	12

전립선암세포

PC3

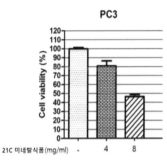

21C 미네랄식품 mg/ml	0	4	8
mean	100	81	46
SD	4	17	6

갑상선암세포

SNU790

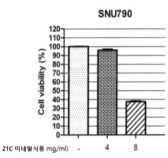

21C 미네랄식품 mg/ml	0	4	8
mean	100	96	37
SD	1	3	2

유방암세포

MCF7

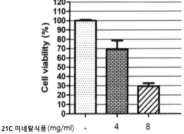

21C 미네랄식품 mg/ml	0	4	8
mean	100	69	29
SD	3	29	10

▶ 7일 동안 0.4% 21C 미네랄식품 용액에서 실험한 결과 대조군에 비해, 폐암세포는 47%, 간암세포는 51%, 대장암세포는 16%, 위암세포는 2%, 유방암세포는 31%, 전립선암세포는 19%, 갑상선암세포는 4% 감소했고,

▶ 7일 동안 0.8% 21C 미네랄식품 용액에서 실험한 결과 대조군에 비해, 폐암세포는 70%, 간암세포는 72%, 대장암세포는 44%, 위암세포는 16%, 유방암세포는 71%, 전립선암세포는 54% 갑상선암세포는 63% 감소했다.

▶ 암세포 성장 및 독성 실험 결과, 암세포의 종류에 따라 차이는 있지만 모든 종류의 암세포는 21C 미네랄식품 용액 속에서 그 숫자가 감소하고, 21C 미네랄식품의 농도가 짙어질수록 그 숫자가 더 빠르게 감소한다는 사실을 확인할 수 있다.

면역세포·폐세포 성장 및 독성 실험

- 실험자 : 동남의화학연구원

1. 면역세포

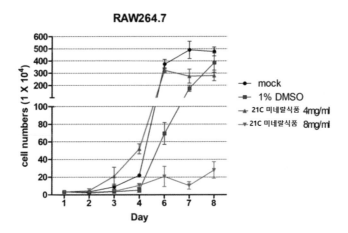

cell counts (1 X 104)	Day 1	Day 2	Day 3	Day 4	Day 6	Day 7	Day 8
mock	3	3	9	22	374	491	477
DMSO 1%	3	2	4	5	69	176	386
21C 미네랄식품 4mg/ml	3	5	21	52	324	275	281
21C 미네랄식품 8mg/ml	3	3	4	11	21	10	28

▶ 8일 동안 면역세포를 0.4% 21C 미네랄식품 용액과 0.8% 21C 미네랄식품 용액에서 배양한 결과 면역세포는, 0.4% 21C 미네랄식품 용액에서 대조군(1% DMSO)이나 배양액(mock)보다 빠르거나 같은 수준으로 번식하지만, 0.8% 21C 미네랄식품 용액에서 대조군(1% DMSO)이나 배양액(mock)보다 느리게 번식한다는 사실을 알 수 있다.

2. 폐세포

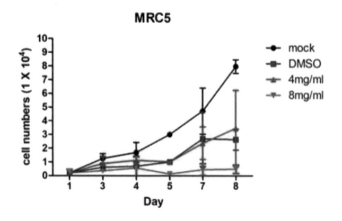

cell counts (1 X 104)	Day 1	Day 3	Day 4	Day 5	Day 7	Day 8
mock	0.2	1.3	1.7	3.0	4.7	8.0
DMSO	0.2	0.6	0.7	1.0	2.7	2.6

| 21C 미네랄식품 4mg/ml | 0.2 | 0.9 | 1.1 | 1.0 | 2.4 | 3.5 |
| 21C 미네랄식품 8mg/ml | 0.2 | 0.4 | 0.6 | 0.1 | 0.5 | 0.5 |

▶ 8일 동안 폐세포를 0.4% 21C 미네랄식품 용액과 0.8% 미네랄식품 용액에서 배양한 결과, 폐세포는 0.4% 21C 미네랄식품 용액에서 대조군(1% DMSO)과 동일한 수준으로 번식하지만, 0.8% 21C 미네랄식품 용액에서 대조군(1% DMSO)이나 배양액(mock)보다 느리게 번식한다는 사실을 알 수 있다.

▶ 면역세포와 폐세포 성장 및 독성 실험 결과, 0.8% 21C 미네랄식품 용액보다 0.4% 21C 미네랄식품 용액에서 더 잘 번식한다는 사실을 확인할 수 있다.

신들의 지식

초판 1쇄   2023년 11월 22일

지은이   최인호
발행인   김재홍
교정/교열   김혜린
디자인   박효은
마케팅   이연실

발행처   도서출판지식공감
등록번호   제2019-000164호
주소   서울특별시 영등포구 경인로82길 3-4 센터플러스 1117호(문래동1가)
전화   02-3141-2700
팩스   02-322-3089
홈페이지   www.bookdaum.com
이메일   jisikwon@naver.com

가격   18,000원
ISBN   979-11-5622-836-3 03400